爱心家肴 美味新生活

百吃不厌的
简单西餐

主编○张云甫   编写○王森　臧倩嵘

U0219319

青岛出版社
QINGDAO PUBLISHING HOUSE

用爱做好菜 用心烹佳肴

不忘初心，继续前行。

将时间拨回到 2002 年，青岛出版社"爱心家肴"品牌悄然面世。

在编辑团队的精心打造下，一套采用铜版纸、四色彩印、内容丰富实用的美食书被推向了市场。宛如一枚石子投入了平静的湖面，从一开始激起层层涟漪，到"蝴蝶效应"般兴起惊天骇浪，青岛出版社在美食出版领域的"江湖地位"迅速确立。随着现象级畅销书《新编家常菜谱》在全国摧枯拉朽般热销，青版图书引领美食出版全面进入彩色印刷时代。

市场的积极反馈让我们备受鼓舞，让我们也更加坚定了贴近读者、做读者最想要的美食图书的信念。为读者奉献兼具实用性、欣赏性的图书，成为我们不懈的追求。

时间来到 2017 年，"爱心家肴"品牌迎来了第十五个年头，"爱心家肴"的内涵和外延也在时光的砥砺中，愈加成熟，愈加壮大。

一方面，"爱心家肴"系列保持着一如既往的高品质；另一方面，在内容、版式上也越来越"接地气"。在内容上，更加注重健康实用；在版式上，努力做到时尚大方；在图片上，要求精益求精；在表述上，更倾向于分步详解、化繁为简，让读者快速上手、步步进阶，缩短您与幸福的距离。

2017 年，凝结着我们更多期盼与梦想的"爱心家肴"新鲜出炉了，希望能给您的生活带来温暖和幸福。

2017 版的"爱心家肴"系列，共 20 个品种，分为"好吃易做家常菜""美味新生活""越吃越有味"三个小单元。按菜式、食材等不同维度进行归类，收录的菜品款款色香味俱全，让人有马上动手试一试的冲动。各种烹饪技法一应俱全，能满足全家人对各种口味的需求。

书中绝大部分菜品都配有 3~12 张步骤图演示，便于您一步一步动手实践。另外，部分菜品配有精致的二维码视频，真正做到好吃不难做。通过这些图文并茂的佳肴，我们想传递一种理念，那就是自己做的美味吃起来更放心，在家里吃到的菜肴让人感觉更温馨。

爱心家肴，用爱做好菜，用心烹佳肴。

由于时间仓促，书中难免存在错讹之处，还请广大读者批评指正。

美食生活工作室

2017 年 12 月于青岛

目录

第一章

走进西餐

西餐，顾名思义是西方国家的餐食。

其菜式与中国菜不同，一般使用橄榄油、黄油、番茄酱、沙拉酱等调味料。

西餐主要特点是主料突出、形色美观、口味鲜美、供应方便等。

西餐还特别注重营养搭配。

让我们一起走进西餐，更多地了解它吧！

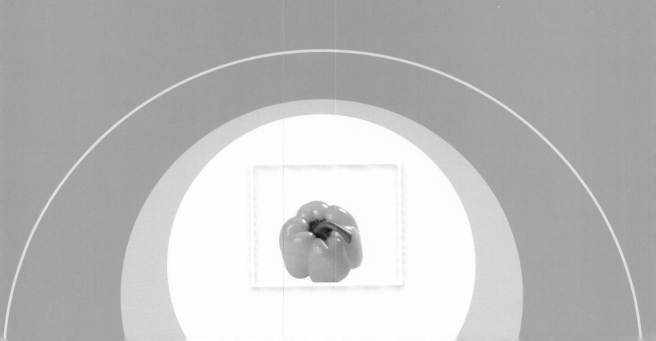

1 西餐常用食材

→ 橄榄（绿＆黑）

橄榄分成绿橄榄和黑橄榄两种，也有加入番茄、杏仁或蒜头的制品，是一种极香且带有咸味的食材，适用于开胃菜、肉类、鱼类，以及比萨、意大利面中的配菜。橄榄本身也可作为啤酒或各种调制酒的下酒菜。

→ 洋葱

常见有红皮洋葱与白皮洋葱两种，红皮洋葱味道偏辛辣，适宜于烹炒和煎炸；白皮洋葱一般用于制作沙拉。洋葱味道较重，拌炒之后会产生一股香甜味，是西餐烹调的增香提味原料。

→ 芦笋

通常作为配菜使用，也是制作蔬菜沙拉时常见的食材，一般煮熟后再用来制作。

→ 甜椒

甜椒的味道温和不辣，生吃、烹煮皆适宜，是西餐中常见的配菜蔬菜。

→ 土豆

土豆的品种众多，常用来烧烤、水煮或油炸。

→ 番茄

种类繁多、营养丰富，可以生吃、煮食、制作酱汁。

→ 帕玛森奶酪粉

帕玛森奶酪是最常见的奶酪，外形为轮胎式的扁圆柱状，通常磨成粗粒使用。帕玛森奶酪粉香浓的风味适用于比萨、意大利面、沙拉、浓汤或酱汁。

橄榄油

特级冷榨橄榄油具有低酸度、香味独特等特性，不加热直接使用的话，可以作为沙拉蘸酱提升新鲜的口感，加入意大利面料理、各种炒菜及凉拌菜肴中也非常合适。

酒醋

以葡萄汁为基底发酵的醋，比一般食用醋更酸。红葡萄酒醋具有浓郁的香气，主要用于点心或酱料制作；在全素料理或鱼类料理中加入白葡萄酒醋则可以让口感清爽，并去除鱼腥味。

枫糖浆

从加拿大枫树中提取出液体，将其浓缩后做成的糖浆。天然的枫糖浆具有独特的香味，且没有任何添加物，是健康的天然食品。枫糖浆在各种需要加糖或蜂蜜的料理中都可使用，或可代替糖加入茶、咖啡等饮品中；淋在冰淇淋、松饼等点心上也非常适合；或与果酱、奶油一起涂在面包上，也能增添风味。

百里香

有强烈的薄荷香味，加入火腿、香肠、鹅肉料理等中可以减少肉类的腥味，加入奶酪或番茄料理中也别具风味。百里香味道比较刺激，也可用于炖菜、煮汤和烤肉调味。

迷迭香

散发出淡淡苹果香的香草，可以作为肉类、海鲜、鸡蛋、布丁、醋的调味；也可在包饭团时加入一两片迷迭香叶，更显美味。由于味道辛辣、微苦，常被用在小羊排、肉食、鸡肉和鱼肉内。

罗勒

香气极佳，世界各地都有种植。薄荷科的罗勒与丁香味道相似，带有甜而刺激的香气，常作为料理中的香料使用。在番茄类料理中，罗勒是不可或缺的香料，且与鸡肉、鱼类、贝类、沙拉、意大利面、比萨酱、炖菜、汤、酱料等均可搭配，用途很广泛。

装盘的讲究

西餐中摆盘是一道成菜的画龙点睛所在，摆盘就像艺术构图，看似简单，实则复杂多样又具有可创造性。

⦿ 盘子的选用

不同菜肴所选用的盘子会有所不同，常见的有沙拉平盘、深汤盘、牛排平盘、甜品盘，这些都是圆形白盘，而且基本偏大。因为这样方便厨师们摆盘，有更好的发挥空间。白色盘子看起来干净、卫生，给进食者带去舒心的感受。

⦿ 食材摆放先后顺序

食材不同，摆放的顺序自然不同，但基本上都是先将主材料摆放好，再来搭配配菜，最后是酱汁或者调料。

⦿ 盘子的装饰

餐盘的装饰与菜肴和餐厅的风格息息相关。首先要懂得色彩搭配，如何搭配才能和餐厅风格不冲突而且还能增进消费者食欲；其次是要有适宜的装饰，菜肴不同与之相应的装饰也不同，西餐内常见的装饰就是一些花、蔬菜的雕刻及酱汁的点缀。

⦿ 菜肴摆放的位置

菜肴的摆放都在盘内中间处，并且要有立体感，带有骨头的菜肴会比较好摆放，像牛排、鸭胸肉这些没有骨头的菜肴，通常会选择在底部铺垫其他食材，或将菜肴斜着搭放等方法，来提高菜品盛盘后的立体感，增进消费者食欲。

⦿ 配菜与主菜搭配

每一道菜都有各自的亮点，而且搭配都是有层次的，并不是随便摆摆放放，要讲究颜色对比，一般暗色一点的主材料都会选择鲜艳一点的配菜，从而搭配主材料；当然亮色的主材料也会选择较为深色系的配菜来进行搭配。

西餐中的配菜并不是一成不变的，可根据当季流行的蔬菜进行搭配，但是也要考虑到口味的搭配，从中选择合适的配菜。

⦿ 保持菜肴与盘子的整洁

食品最讲究的是卫生，良好的卫生情况可使消费者愿意再次光临，就餐工具的卫生保持也非常重要，餐盘与菜品保持整洁才能令消费者拥有愉悦的就餐心情。一般厨师们都会将盘子温热一遍，然后擦干净，再装盘，装完盘之后还会沿着菜肴再擦一遍。

# 西餐上菜顺序

西餐是吃一道上一道的，正式的全套餐点上菜顺序是：开胃菜——汤——副菜——主菜——沙拉——主食或甜点——咖啡或茶。

◎ 开胃菜

开胃菜也称为头盘，一般有冷头盘和热头盘之分。开胃菜的作用是促进进餐者的食欲，通常以质量高、数量少为特点，以咸和酸为主要的味觉，一般的开胃菜有焗蜗牛、鹅肝酱、鱼子酱等等。

◎ 餐前汤

西餐中的汤可以分为两类，一是清汤，二是浓汤。喝餐前汤的目的也是为了开胃。

◎ 副菜

通常水产类的菜肴会被选为副菜，像淡海水鱼类、贝壳类，因为这些食材肉质鲜嫩，易消化。

◎ 主菜

主菜为整个西餐的重头戏，往往是一些畜类和禽类的菜肴。畜肉类菜肴采取的都是牛、羊、猪身上的肉质；而禽类菜肴采取的都是鸡、鸭、鹅身上的肉质。

◎ 沙拉

蔬菜类菜肴会被选择在主菜后面上，主要是为了化解主菜的油腻。

◎ 主食、甜品

主食通常会有意大利面、比萨、烩饭等。意大利面有很多种，其名字、形状各不相同，意面口感紧实有弹性，根据不同的面酱而决定口味。比萨是一种由特殊的饼底、乳酪、酱汁和馅料烤制而成的具有意大利风味的食品。意式烩饭做法各有不同，口感独特、味道鲜美，较为出名的有海鲜烩饭。

在西餐中甜食通常会被选在主食后面上，常见的有布丁、水果、冰淇淋等等。

◎ 咖啡、茶

西餐的最后一道是上饮料，咖啡或茶。饮咖啡一般要加糖和淡奶油。茶一般要加香桃片和糖。

4 西餐就餐礼仪

餐桌礼仪文化所涉及的方面可归结为进餐方式、餐具的正确使用与其他一些用餐过程中需注意的细节等部分。

➲ 点餐

西方国家的一些高级餐厅，通常会把将菜单做成两份，一份是有价格表的，而另一份则是没有的。点菜时服务员会将有价格的菜单给男士或者主人；而没有价格的会给到女士或者客人。这样做是为了让女士或客人可以没有顾虑地点餐，想吃什么就点什么。

西餐和中餐相比之下没有那么多礼数，不会点一桌子菜一起吃，或者帮别人夹菜之类的，吃西餐都是每个人只点自己的，而且也只吃自己的。如果想品尝别人的菜肴，应该提前告诉服务员，服务员会在厨房将菜肴分成两份，供你品尝。

➲ 餐前准备

将手机调至静音或者振动，以免影响他人就餐。

女士在用餐前，需要先用纸巾将口红涂擦掉，然后再就餐。

用餐前需将餐巾布展开，平铺在腿上，如果餐巾布展开太大也可将其折成三角形，平铺在腿上。

➲ 用餐姿势

在就餐时，将所坐的椅子向前拉近，保持身体与餐桌有20厘米的距离，身体保持端正。

用餐时双手活动的范围，不要超出餐具摆放的宽度。手肘不要放到桌面上。

在就餐前，不要有跷二郎腿、抖腿等一些不雅动作。

➲ 餐具摆放

就餐时，主餐盘都会放在所坐位置的中间，右边是刀，左边是叉，而且刀和叉都是成对出现的，但是汤勺是单独放在右边的。

刀叉上方分别摆上高脚水杯、红酒杯、葡萄酒杯，整体呈45°角。

餐巾布叠好，摆放在餐盘上，摆放整齐，待客人使用。

餐具摆上台时必须将胡椒瓶、盐瓶摆放在桌面中间的位置，如若客人觉得菜肴口味淡了，可自行添加。

➲ 刀叉使用

一般情况下，右手持刀、左手持叉，手背朝上握住刀和叉。食用肉质类的食材时，将叉子按住食材，使用刀将其切块，再进行食用。

如果在就餐时，需要暂时离开，需将叉子反面搭在餐盘的8点钟方向，餐刀刀口向内搭在餐盘4点钟方向，再行离开。

将刀叉合并45°斜向右下方平行摆放在餐盘一侧，这是代表已经用完餐了，即便你餐盘内还有食物，服务员也懂得你的意思，会在适当的时候将盘子带走。

在使用刀叉时，不要让两者发生碰撞，也不要将刀叉碰敲其他餐具发出声音，这样很不礼貌。

第二章

西餐常用基础酱汁

酱汁是西餐的灵魂，西餐中的酱汁多种多样，
常见的有番茄酱、牛肉酱、红酒汁、黑胡椒汁、塔塔汁等。
酱汁口感丰富，甜的、酸的、咸的均有。
酱汁在西餐中的使用非常广泛，从餐前开胃菜、鸡尾酒会中的小点，
再到主菜、甜点都可以看到酱汁的身影。
酱汁在西餐菜肴制作过程中起到画龙点睛的作用。

白汁

面粉100克，黄油80克，牛奶80克，淡奶油50克，香叶2片，丁香2粒，盐、鸡汤各适量

做法

① 复底汤锅内放入黄油，用慢火将黄油完全化开，放入香叶、丁香和面粉。

② 用微火把面粉炒20分钟左右至炒香。

③ 离火静置8分钟左右放凉，加入鸡汤，不停地用打蛋器抽打，以免粘在一起。

④ 步骤3的材料煮开后放入牛奶和淡奶油，最后加盐调味即可。

鸡高汤

材料

鸡骨头500克，洋葱、胡萝卜各30克，芹菜30克，香叶5片，白胡椒粒5克，清水2000克

做法

① 鸡骨头洗净，放入180℃的烤箱中烤制30分钟，烤干至出香味，备用。

② 洋葱、胡萝卜、芹菜均洗净，切成大段，备用。

③ 汤锅内放入清水、洋葱、胡萝卜、芹菜、香叶、白胡椒粒和烤鸡骨。

④ 大火烧开，改为小火炖40分钟以上，用细箩过滤即可。

材料

牛骨500克，牛筋500克，红酒200克，西芹200克，胡萝卜200克，香叶5片，洋葱200克，清水5000克，番茄膏50克，黑胡椒3克，黄油适量

做法

① 牛骨、牛筋均洗净，放入预热至180℃的烤箱烤60分钟，烤至金黄色，备用。西芹、胡萝卜、洋葱均洗净，切块。

② 将红酒小火浓缩至1/3，备用。

③ 起锅加油，炒匀番茄膏，备用。

④ 另起锅，放黄油，加热后放入洋葱、西芹、胡萝卜、牛骨、牛筋，小火炒香。

⑤ 加入备用的红酒、番茄膏、香叶、黑胡椒和清水，熬煮8小时。过滤出汤汁，去除油脂后放凉备用，成品量约500克。

牛骨汁

材料

鱼骨（最好用三文鱼骨）500克，洋葱30克，胡萝卜30克，芹菜30克，香叶5片，白胡椒粒5克，清水2000克，白葡萄酒50克，白兰地酒25克

做法

① 鱼骨洗净，剁成大块。洋葱、胡萝卜、芹菜均洗净，切成大块，备用。

② 汤锅内放入清水，放入所有材料用大火煮开。

③ 撇去浮沫，改为小火慢炖40分钟以上。

④ 用细箩过滤即可。

鱼高汤

蓝莓汁

材料

牛骨汁200克，蓝莓100克，黄油5克，盐适量

做法

① 起锅入黄油，烧热后放入蓝莓。

② 煸炒蓝莓并将其压碎。

③ 加入牛骨汁，小火烧开。

④ 将酱汁烧至浓缩黏稠，加盐调味，保温备用。

龙虾汁

材料

龙虾汤200克，大蒜20克，黄油10克，盐适量，白胡椒粉适量

做法

① 将大蒜切末。

② 起锅入黄油，放入蒜末炒香。

③ 倒入龙虾汤，小火浓缩至2/3的量，撒盐、白胡椒调味。

④ 用网筛过滤后加热，保温备用。

材料

黑胡椒碎15克，洋葱碎5克，大蒜碎5克，香叶2片，黄油20克，牛肉烧汁300克，红酒30克，白兰地15克，鸡精10克，盐适量

做法

① 锅内放入黄油烧热，放入洋葱碎和大蒜碎，炒出香味，放入黑胡椒碎。

② 用慢火将黑胡椒碎炒香，放入红酒慢火煮1分钟，放入白兰地。

③ 加入牛肉烧汁和香叶，用大火烧开，改为小火慢煮约20分钟。

④ 加盐和鸡精调味即可。

黑胡椒汁

材料

牛骨汁200克，迷迭香3克，大蒜10克，黄油5克，盐适量，黑胡椒碎1克

做法

① 大蒜切片，迷迭香切末。

② 起锅入黄油，将蒜片与迷迭香末炒香。

③ 加牛骨汁，小火浓缩至黏稠。

④ 加盐和黑胡椒碎调味，过滤后保温备用。

迷迭香汁

香槟汁

材料

香槟100克，鸡蛋100克，黄油50克，盐适量，柠檬汁适量

做法

① 取小盆放入鸡蛋黄，起锅加水。

② 开小火隔水给蛋黄加温，用打蛋器朝一个方向搅拌蛋黄，并慢慢加入黄油。

③ 不停地搅动，至蛋液黏稠。

④ 慢慢加入香槟、盐、柠檬汁调味，保温备用。

松露汁

材料

松露20克，牛骨汁100克，洋葱20克，红酒100克，盐适量，黄油20克

做法

① 松露、洋葱均切碎。

② 起锅后加油，放入洋葱碎。

③ 加入松露碎，与洋葱碎一同炒香。

④ 加入红酒，小火浓缩至1/3的量。最后加入牛骨汁，浓缩至黏稠，加入黄油稍加热，加盐调味。

材料

红酒150克，牛骨汁200克，洋葱20克，百里香1克，盐适量，黄油3克

做法

① 将洋葱切碎，炒香后加入百里香，倒入红酒烧开。

② 加入牛骨汁浓缩。

③ 加黄油收汁，至成品量150克。

④ 过滤后加热，入盐调味，保温备用。

红酒汁

材料

红酒200克，意大利黑醋400克，白糖50克，黄油10克

做法

① 起锅倒入黄油。

② 加入白糖烧化。

③ 倒入红酒与黑醋。

④ 小火烧至浓缩黏稠，常温下存放备用。

红酒黑醋汁

千岛汁

材料

蛋黄酱1000克，洋葱10克，大蒜5克，鸡蛋1个，青椒15克，黑橄榄8克，酸黄瓜20克，番茄沙司25克，番茄辣酱15克，辣椒面8克，李派林酱油5克，柠檬汁5克，盐适量

做法

① 把鸡蛋煮熟待凉后去皮，取蛋白，切碎。把洋葱、大蒜均去皮，洗净，切碎。青椒洗净，切碎。黑橄榄和酸黄瓜切碎。

② 把蛋黄酱放在容器中，放入洋葱碎、大蒜碎、青椒碎、黑橄榄碎、酸黄瓜碎和鸡蛋碎。

③ 用打蛋器搅拌均匀，放入番茄沙司、番茄辣酱、辣椒面、李派林酱油、柠檬汁和盐调味，顺着一个方向把所有材料搅拌均匀即可。

凯撒汁

材料

蛋黄酱1000克，洋葱10克，大蒜15克，黑橄榄10克，酸黄瓜20克，黑胡椒碎8克，帕玛森芝士粉20克，盐适量，柠檬汁15克，银鱼柳15克

做法

① 洋葱、大蒜均去皮，洗净，切碎，备用。

② 黑橄榄、酸黄瓜和银鱼柳均切碎，备用。

③ 把蛋黄酱放入容器中加入洋葱碎、大蒜碎、黑橄榄碎、酸黄瓜碎和银鱼柳碎，搅拌均匀，加入黑胡椒碎、芝士粉、盐和柠檬汁。

④ 用打蛋器顺着一个方向把所有的材料搅拌均匀即可。

材料

意大利香醋250克，橄榄油500克，洋葱20克，大蒜8克，法国香菜、百里香、罗勒共计10克，盐、黑胡椒粉各适量

做法

① 将法国香菜、百里香和罗勒均洗净，切碎，备用。

② 洋葱和大蒜均去皮，洗净，切碎，备用。

③ 取一个圆形的容器，把备好的食材放入容器中，把香醋一次性倒入。

④ 用打蛋器把容器内的材料搅拌均匀，用匀速同方向的抽打方式慢慢加入橄榄油，抽打至有一定的黏稠度，放入盐和黑胡椒粉调味即可。

香醋油汁

材料

鸡蛋2个，法国芥末10克，柠檬汁15克，白醋10克，白糖25克，盐25克，色拉油2500克

做法

① 取鸡蛋的蛋黄，放入圆形的容器中，加入法国芥末、白醋。

② 用打蛋器匀速向一个方向抽打容器中的食材。

③ 待有黏稠度时均匀慢速地加入色拉油，混合均匀。

④ 放入柠檬汁、白糖和盐调味即可。

蛋黄酱

自制牛肉酱

材料

牛肉碎500克，蒜50克，洋葱100克，西芹100克，胡萝卜100克，香叶1克，红酒200克，番茄膏50克，自制番茄酱100克，盐适量，黑胡椒适量，橄榄油50克，清水500克

做法

① 蒜去皮。将胡萝卜、洋葱、西芹、蒜均切末。

② 起锅加油，放入蒜末、洋葱末炒香，再放入牛肉碎炒香，加红酒收干。

③ 放入西芹末、胡萝卜末炒香，再放入番茄膏炒香。

④ 加水、自制番茄酱、香叶，小火熬煮3小时，最后加盐、黑胡椒碎调味即可。

松仁罗勒酱

材料

罗勒叶20克，熟松仁20克，橄榄油80克，大蒜20克，盐适量

做法

将罗勒叶、大蒜、橄榄油、松仁用粉碎机一起搅拌成酱，加盐调味即可。

第三章

精致健康的开胃菜

西餐的第一道菜是头盘，也称为开胃菜、前菜或餐前小食品。

正如它的名字一样，

头盘只不过是为了引起食客对主菜的食欲。

它包括各种小份额的冷开胃菜、热开胃菜等。

其菜肴清淡爽口、色泽鲜艳，并且有开胃和刺激食欲的作用。

头盘总体的特点是数量少、质量较高。

经典凯撒沙拉

材料

罗马生菜	100克
培根	50克
帕马森芝士粉	10克
凯撒酱	20克

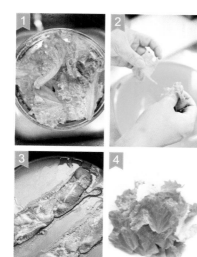

做法

① 罗马生菜放入水中冲洗，用冰水浸泡10分钟。

② 取出生菜并甩干，用手撕成小片。

③ 起锅加油，煎培根至金黄色后取出，切成小片。

④ 将凯撒酱与生菜拌匀，装盘后撒培根、帕马森芝士粉即可。

小贴士

· 冰水浸泡蔬菜会使蔬菜保持颜色翠绿、口感清脆。

小土豆培根碎沙拉

材料

小土豆	5个
培根	2片
蛋黄酱	1大勺
大蒜	1片
洋葱	20克
橄榄油	少许
盐	少许
香料	5克

做法

① 将小土豆洗净，一切为二，备用。培根煎好后切成碎末。

② 把土豆煮熟后放入冷水中。洋葱切碎，备用。大蒜全部切成碎末。

③ 将蛋黄酱、洋葱、大蒜、香料一起拌入土豆中，把培根碎撒在土豆上。

④ 把拌匀的土豆装盘，装饰即可。

烟熏萨拉米

材料

大番茄	1/2个
黄瓜	3片
萨拉米烟熏肉	3片
薄荷叶	2片

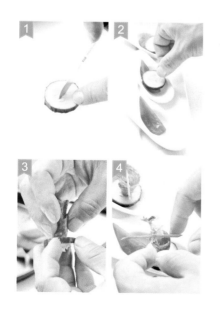

做法

① 番茄去皮，切成半月形，去瓤，备用。黄瓜切片，并在中间切个小口。

② 把切好的番茄整齐地放入小勺子中，把黄瓜放在番茄上面。

③ 卷好的萨拉米插入黄瓜切好的小口中。

④ 把做好的萨拉米黄瓜放入勺子中，用薄荷叶装饰即可。

意式风干火腿蜜瓜

材料

哈密瓜	500克
火腿片	50克
苦菊	5克
黑醋红酒汁	少许
罗勒汁	少许

做法

① 哈密瓜去籽，用勺挖四个小球，再切一三角条。

② 火腿片切条。

③ 用火腿条缠绕瓜球与瓜三角条。

④ 用竹签把四个球串在一起，取盘，用苦菊装饰，按图摆放，淋罗勒汁和红酒汁即可。

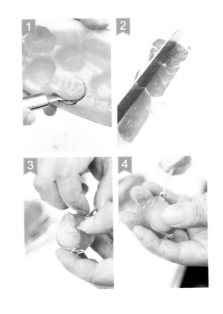

牛油果伴生牛肉

材料

材料	用量
牛肉	50克
牛油果	50克
洋葱	10克
黑胡椒碎	适量
盐	适量
罗勒汁	20克
意大利芹	1克

做法

① 牛肉去筋，切丁。洋葱切丁，备用。

② 牛油果去皮，去核，切丁。意大利芹切丝。

③ 将切好的牛肉、牛油果、洋葱、意大利芹一起搅拌均匀，加盐、黑胡椒碎调味。

④ 取盘，按图把所有材料装入模具，取掉模具后淋罗勒汁即可。

低温水煮澳带伴水果

材料

水果玉米	10克
洋葱	10克
带子	80克
猕猴桃	40克
盐	适量
橄榄油	5克
柠檬汁	5克
樱桃番茄	10克
刁草	1克
薄荷叶	1克
红酒黑醋汁	10克

做法

① 带子洗净，用盐、刁草腌制5分钟。把带子用真空机抽真空，放入59.5℃的热水中10分钟，取出备用。

② 洋葱、猕猴桃、樱桃番茄分别洗净，切成小粒。水果玉米取粒。

③ 将处理好的蔬菜和水果粒加橄榄油轻轻搅拌，加入盐和柠檬汁调至入味。

④ 将带子切片，按图装盘，淋上红酒黑醋汁，最后用薄荷叶装饰即可。

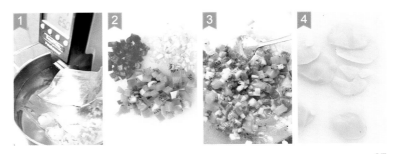

什锦海鲜沙拉

材料

鲜鱿鱼1条，大虾3只，八爪鱼150克，菠菜50克，混合蔬菜适量，柠檬汁15毫升，橄榄油8毫升，盐、黑胡椒碎各适量，黑醋（巴萨米克醋）5毫升，帕玛森芝士粉5克

做法

① 把鱿鱼处理好，洗净，切圈。大虾去壳，去虾线。八爪鱼洗净，切段。

② 以上处理好的海鲜用开水汆熟，过凉，待用。

③ 把菠菜和混合蔬菜清洗干净，和备好的海鲜一同装入容器中，加入盐、黑胡椒碎、黑醋、柠檬汁和橄榄油拌匀装入盘中，最后撒上芝士粉即可。

吞拿鱼四季豆沙拉

材料

吞拿鱼1罐（约200克），四季豆100克，洋葱30克，樱桃番茄2个，玉米笋2个，盐、黑胡椒碎各适量，白醋5毫升，柠檬汁3毫升，橄榄油10毫升

做法

① 吞拿鱼洗净，控干水，太大的块切成小块，备用。

② 四季豆去两头根部，切成5厘米左右长的段，用热水焯熟，备用。

③ 洋葱去皮，洗净，切成长条。樱桃番茄洗净，一分为二。玉米笋择干净，备用。

④ 把准备好的原料放在一个容器中，加入盐、黑胡椒碎、白醋、柠檬汁、橄榄油搅拌均匀。

⑤ 装盘即可食用。

烟熏三文鱼

材料

烟熏三文鱼	2片
小番茄	3个
洋葱	20克
黑橄榄	2个
青橄榄	2个
橄榄油	少许
黑醋	50克
盐	少许
糖	少许
法香碎	少许

做法

① 烟熏三文鱼片、小番茄、洋葱、橄榄均切成小丁，备用。

② 黑醋和糖一起煮至汁液浓稠，备用。

③ 把煮过的黑醋汁用毛刷小心地刷在盘子中间。圆形模具放至黑醋汁上，模具内依次填入番茄丁、洋葱丁、烟熏三文鱼丁。

④ 拿掉圆形模具，在盘子边上撒上法香碎作为装饰。

小贴士

· 圆形模具内部涂上橄榄油，可使成品更容易脱落。

· 三文鱼与洋葱搭配，可减轻鱼腥味，加上小番茄的酸味，口感极佳。

三文鱼伴牛油果

材料

三文鱼	60克
牛油果	30克
洋葱	10克
柠檬	10克
荷兰芹	2克
盐	适量
黑醋红酒汁	10克

做法

① 三文鱼去皮，去刺，切粒，备用。

② 牛油果去皮，去核，切粒，备用。

③ 洋葱切粒，荷兰芹切末，紫甘蓝切丝，备用。

④ 将切好的三文鱼、牛油果、洋葱、荷兰芹加盐、柠檬汁拌匀，装入模具摆盘后淋黑醋红酒汁即可。

奶油芝士三文鱼卷

材料

烟熏三文鱼	100克
奶油芝士	80克
罗勒汁	20克
红酒黑醋汁	10克

做法

① 将三文鱼切斜刀片。

② 将三文鱼片铺在保鲜膜上，放芝士。

③ 轻轻卷起，慢慢卷紧。

④ 拆开保鲜膜，将三文鱼卷切成段，按图摆盘，淋罗勒汁和黑醋汁即可。

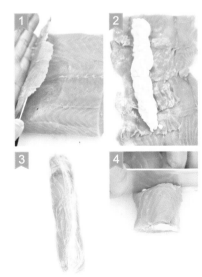

奶酪焗鲜蚝配松露

材料

鲜生蚝6个，松露2个，柠檬汁3毫升，白兰地3毫升，黄油100克，大蒜末5克，欧芹碎3克，盐、白胡椒粉、新鲜混合蔬菜各适量，帕玛森芝士粉30克

做法

① 生蚝洗净，控干水。松露洗净，切成薄片。黄油、大蒜末和欧芹碎混合到一起，制成黄油香草酱，备用。

② 在每个生蚝上撒上盐、胡椒粉、柠檬汁和白兰地，把做好的黄油香草酱均匀地涂抹到生蚝壳里，涂满后撒上芝士粉，最后放上松露片。

③ 放到200℃的焗炉中，焗烤约8分钟，装入盘中，配上新鲜的混合蔬菜即可。

菠萝焗鹅肝酱

材料

罐头菠萝1片，鹅肝150克，新鲜混合蔬菜适量，洋葱丝15克，干葱圈5个，红酒30毫升，百里香碎3克，柠檬汁3毫升，黄油15克，盐、黑胡椒碎、香醋油汁各适量

做法

① 鹅肝洗净，用洋葱丝、红酒、盐、胡椒碎、百里香和柠檬汁腌制8小时以上。

② 平底锅中加入黄油，待黄油化开后放入鹅肝，用中火煎烤至一面上色，再煎另外一面，煎制时间约5分钟，煎好鹅肝后取出，放入菠萝，用大火把菠萝的两面都煎上色，备用。

③ 将混合蔬菜铺在盘底，放上菠萝片，再放上鹅肝，用干葱圈点缀。

④ 撒上香醋油汁即可。

鸡肉苹果沙拉

材料

材料	用量
鸡胸肉	50克
青苹果	50克
西芹	30克
熟核桃仁	20克
盐	适量
蛋黄酱	20克
百里香	1克
白胡椒	1克
樱桃番茄	20克
柠檬汁	5克

做法

① 将鸡胸肉用白胡椒、百里香腌制15分钟。用真空机把腌好的鸡肉抽真空，放入60℃热水中25分钟后取出，再放在冰水中5分钟。

② 青苹果去核，切片；西芹削皮，切条；樱桃番茄切开；核桃仁压碎，备用。打开袋子取出鸡肉，切条状备用。

③ 把鸡肉、西芹、苹果、蛋黄酱、盐、白胡椒、柠檬汁调味拌匀。

④ 按图装盘，撒上核桃仁装饰即可。

法式山竹焗蜗牛

材料

罐头蜗牛肉	12只
山竹	3个
新鲜混合蔬菜	适量
树莓	5个
奶酪丝	50克
干葱	8克
大蒜	3瓣
百里香	1枝
干白葡萄酒	8毫升
白兰地	5毫升
淡奶油	80毫升
盐、白胡椒粉	各适量
鸡精	少许
黄油	30克

做法

① 把蜗牛择洗干净。山竹切除顶部，把山竹肉掏出来，山竹壳洗净，山竹肉去核，切碎，备用。干葱和大蒜均洗净，切成碎末。树莓、百里香均洗净，切碎。

② 锅内放入黄油烧热，放入干葱碎和大蒜碎炒香，放入蜗牛肉煸炒1分钟左右，放入干白葡萄酒和白兰地酒，待酒精完全挥发。

③ 放入山竹碎、奶油、百里香、盐、胡椒粉和鸡精，用中火煮至汤汁微稠即可，备用。

④ 每个山竹壳里装4个做好的蜗牛和少量的奶油汁，整理好后撒上奶酪丝，用焗炉或烤箱把奶酪焗上色，装入盘中。用混合蔬菜和树莓装盘点缀即可。

第四章

诱人开胃的餐前汤

西餐中的餐前汤常常被称为开胃汤，
汤类原料为海鲜、肉类或蔬菜等，经过加工调味盛入汤碗里。
汤品一般使用材料较多，味道也比大多数中式汤浓重。
西餐的汤品可分成以下几种：
清汤、奶油汤、蔬菜汤、特制的汤、地方性或传统性的汤。

松仁南瓜汤

材料

材料	
老南瓜	500克
盐	适量
黄油	20克
松仁	100克
淡奶油	20克
牛奶	50克
洋葱	50克
清水	500克

做法

① 南瓜洗净，带皮切大块，放入180℃的烤箱烤45分钟。将南瓜从烤箱取出，去皮留南瓜肉。将松仁用小火炒熟。

② 起锅放黄油加热，放入洋葱小火炒香。

③ 加入南瓜，小火慢炒10分钟。然后加入清水熬煮45分钟。

④ 用搅拌机搅成浓汤，倒入牛奶加热，入盐调味，装入汤碗后撒松仁，淋奶油即可。

意式蔬菜汤

材料

材料	用量
鸡高汤	1000克
西芹	30克
胡萝卜	30克
番茄	100克
土豆	30克
卷心菜	30克
苹果	30克
盐	适量
橄榄油	20克
百里香	1克
洋葱	20克

做法

① 卷心菜、西芹、胡萝卜、洋葱、土豆、苹果依次去皮，切指甲片，番茄切丁。

② 起锅加油、炒香洋葱。

③ 加入西芹、胡萝卜、苹果、卷心菜、土豆炒香。

④ 加入番茄丁，倒入鸡高汤熬煮30分钟，最后撒百里香末，入盐调味即可。

奶油蘑菇汤

材料

材料	
白蘑菇	250克
鸡高汤	300克
面包丁	5粒
洋葱、牛奶	各50克
淡奶油	30克
黄油	10克
干法香碎、盐、白胡椒粉各适量	
香叶	2片

做法

① 蘑菇、洋葱均洗净，切片，备用。锅内放入黄油，待油烧热，放入洋葱煸炒出香味。放入蘑菇片，炒约5分钟。

② 放入鸡高汤，放入香叶，开锅后煮30分钟。

③ 将锅中材料用打碎机打碎。

④ 打碎材料倒入锅中，放入牛奶，再放入奶油、盐、白胡椒粉调味。装入汤碗后放上面包丁，用干法香碎作点缀即可。

小贴士

· 此汤是西餐厅里保留的菜肴之一。不但有浓郁的蘑菇味道，还有浓郁润滑的口感。

法式洋葱汤

材料

法国长面包	1片
洋葱	2个
啤酒	50毫升
干红葡萄酒	30毫升
百里香碎、阿里根奴碎	各1克
黄油	20克
马苏里拉芝士碎	少许
香叶	2片
黑胡椒碎、盐	各适量
牛清汤	1000毫升

做法

① 将洋葱去皮，洗净，切成细丝，备用。汤锅内放入黄油，待黄油完全化开，加入洋葱丝，用中火煸炒出香味。加入香叶、百里香碎和阿里根奴碎，不间断地翻动，以免煳底，炒至洋葱丝软化脱水并呈黄褐色。

② 加入干红葡萄酒和啤酒，大火煮至酒精完全挥发。加入牛清汤，开锅后小火慢煮30分钟。加入盐和黑胡椒碎调味。

③ 把香叶挑出来，洋葱汤装入汤碗中，将马苏里拉芝士放到面包片上后一起放到汤碗里。

④ 把汤碗放到230℃的焗炉中，把芝士碎焗上色，最后用百里香碎点缀即可。

美式蔬菜汤配奶酪焗面包

材料

材料	用量
面包片	2片
西红柿丁	100克
胡萝卜丁	50克
青豆	30克
土豆丁	50克
西芹丁	30克
洋葱丁	30克
大蒜末	15克
罗勒叶	1枝
番茄酱	80克
鸡高汤	1000毫升
马苏里拉芝士碎	30克
盐、白胡椒粉、白糖	各适量
黄油	30克

做法

① 在面包片上撒芝士碎，放在180℃的焗炉中，把芝士焗化开并且上色，备用。汤锅内加入黄油，待黄油化开，放入大蒜末和洋葱丁，大火炒出香味。

② 加入西红柿丁、土豆丁、西芹丁、胡萝卜丁、青豆和罗勒叶，大火煸炒1分钟。

③ 加入番茄酱，把番茄酱炒熟，加入鸡高汤大火烧开，撇去浮沫，改为小火，慢煮15分钟。

④ 待蔬菜成熟时加入盐、胡椒粉、白糖调味，装入汤碗中，把焗好的面包放上去即可。

材料

南瓜500克，鳄梨2个，新鲜薄荷叶1枝，清水1000毫升，淡奶油50毫升

做法

① 把南瓜去皮，去籽，切成薄片。鳄梨去皮，去壳，洗净，切成粒，留2克左右点缀使用。

② 汤锅内加入清水，放入南瓜和鳄梨，大火烧开，改为小火，慢煮15分钟。

③ 倒入料理机中打碎，倒回锅中，加入淡奶油，烧开后即可盛入碗中。

④ 装入汤碗中，放上鳄梨丁和薄荷叶点缀即可。

奶油南瓜鳄梨汤

材料

番茄汁500毫升，苹果2个，番茄沙司80克，美国大杏仁50克，鳄梨1个，番茄1个，薄荷叶2枝，苹果醋3毫升，蜂蜜少许

做法

① 鳄梨、苹果均去皮，去核，切成大块，留一点苹果切成小碎丁。

② 番茄洗净，去皮，去根蒂，切成大块。杏仁去皮，备用。取1枝新鲜薄荷叶切碎。

③ 把以上所准备好的食材倒入打碎机桶中，加入番茄汁、苹果醋、番茄沙司和蜂蜜，打碎倒入容器中，加盖，放入冰箱中冷藏30分钟以上。

④ 食用时装入汤碗，撒上苹果小丁，摆上薄荷叶即可。

美国番茄苹果冷汤

罗宋汤

材料

牛油	20克
洋葱片	40克
胡萝卜片	30克
西芹条	20克
圆椒片	20克
香叶	1片
茄膏	90克
椰菜块	20克
牛清汤	200克
番茄沙司	5克
牛肉粒	100克
土豆块	30克
番茄块	30克
红菜头	30克
柠檬汁	少许
盐	少许
辣椒籽	适量

做法

① 将牛肉粒用牛油煎香。

② 依次加入洋葱、西芹、胡萝卜、土豆炒香。

③ 加入圆椒片、番茄块、红菜头、椰菜，稍微炒一下。

④ 加入香叶、茄膏，炒5分钟。

⑤ 倒入牛清汤，煮开后用小火熬20分钟。

⑥ 加盐、番茄沙司、柠檬汁、辣椒籽调味即可。

番茄培根芦笋汤

材料

芦笋200克，培根2条，番茄1个，洋葱碎15克，番茄酱50克，盐、白胡椒粉各适量，罗勒2枝，鸡高汤1500毫升，橄榄油15毫升

做法

① 将芦笋去掉根部，洗净，切成小丁。番茄去蒂，洗净，切小丁。培根切成碎末。一枝罗勒切成碎末，另一枝留用。

② 汤锅内放入橄榄油烧热，放入洋葱碎和培根碎，炒至洋葱出香味、培根里的油渗出来。

③ 加入芦笋丁和番茄丁，煸炒3分钟，再加入番茄酱和罗勒炒熟，加入鸡高汤、盐和白胡椒粉，改小火慢煮25分钟。

④ 装入汤碗中，用罗勒点缀即可。

红薯浓汤配鱼丸

材料

红薯1000克，净鱼肉200克，新鲜蓝莓3个，淀粉20克，盐、白胡椒粉各适量，柠檬汁3毫升，西芹碎5克，洋葱碎5克，清水2000毫升

做法

① 把鱼肉处理干净，用刀剁碎成泥，加入淀粉、盐、胡椒粉、柠檬汁、西芹碎和洋葱碎调味搅拌，用劲往一个方向抽打上劲，使鱼肉有一定的弹劲，做成丸子，备用。

② 红薯去皮，洗净，切成方丁，放到汤锅中加上清水，用大火烧开，小火慢煮30分钟。

③ 用打碎机粉碎成有一定浓度的红薯汤，倒回锅中，用中火烧开，改为小火，放入丸子，慢煮约3分钟，用少量的盐调味。装入汤碗中用蓝莓点缀。

泰式冬阴功汤

材料

水2升，香茅70克，南姜20克，猪脊骨300克，柠叶1片，金不换1片，指天椒、茄膏、鱼露各30克，洋葱、番茄、鲜菇各120克，红椒蓉100克，青柠汁50克，芫茜20克，鲜虾100克，三花奶60克，椰酱80克，辣椒油40克，糖20克，鸡粉16克，泰式酸辣酱适量

做法

① 锅中加水，加入香茅、南姜、猪脊骨、柠叶、金不换，煲至滚开，再用慢火煮约1小时。

② 将鲜虾放入焗炉焗至金黄色，再与指天椒、红椒蓉、青柠汁、茄膏、洋葱块、番茄块、芫茜、鲜菇同放入汤中，煮15分钟。

③ 加入三花奶、椰酱、酸辣酱、辣椒油、鱼露、糖、鸡粉调味即可。

虾球鸡清汤

材料

A：草鸡1000克，洋葱100克，胡萝卜100克，西芹100克，玉米100克，百里香2克

B：虾仁100克，洋葱50克，西芹50克，鸡胸肉200克，鸡蛋100克，盐适量，白胡椒粉适量，荷兰芹末1克

做法

① 将材料A洗净，草鸡、洋葱、胡萝卜、西芹、玉米均切块。将材料A全部放入汤锅，加5000克水后小火煮7小时。煮好后将汤过滤并放凉，备用。

② 材料B洗净，鸡胸肉、洋葱、西芹均切块，鸡蛋去蛋黄留蛋清，将上述食材入搅拌机打成泥。

③ 将蔬肉泥倒入熬好的鸡汤后搅拌在一起，文火烧开2小时，再用细网过滤，取清汤，备用。

④ 虾仁去虾线，洗净，搅拌成泥。用手打至上劲，加盐、白胡椒、荷兰芹末调味。用手挤出虾球后放入热水中烧开。取180克鸡清汤，加热后入盐调味，按图装盘。

田螺忌廉汤

材料

田螺150克，白汁500毫升，鱼高汤100克，洋葱15克，大蒜20克，干白葡萄酒5毫升，白兰地5毫升，新鲜百里香3克，黄油15克，面包丁、盐、白胡椒粉各适量，鸡精5克

做法

① 田螺择洗干净，从中间切开，一分为二。洋葱、大蒜、百里香均洗净，切成碎末，备用。

② 锅内放入黄油，待油化开，放入洋葱碎末、大蒜碎末煸炒出香味，放入田螺肉。

③ 放入干白葡萄酒、白兰地和百里香，待酒精完全挥发，加入白汁和鱼高汤。

④ 大火烧开，用盐、白胡椒粉和鸡精调味，装入汤碗中，撒上面包丁即可。

带子甜豆浓汤

材料

甜豆	150克
洋葱	20克
带子	30克
淡奶油	10克
盐	适量
橄榄油	10克
清水	100克

做法

① 洋葱切碎，甜豆洗净，备用。

② 起锅倒入橄榄油烧热，放入洋葱与甜豆小火炒香，加入清水烧开30分钟，再加淡奶油、盐调味。

③ 取搅拌机，倒入甜豆和汁水，打成浓汤后过滤备用。

④ 带子撒盐腌制3分钟。起锅入橄榄油烧热，放入带子煎熟，取出切片，取汤碗倒入浓汤，再放入带子片，按图装盘即可。

第五章

风味鲜美的副菜

水产类菜肴一般作为西餐的第三道菜，也称为副菜。

品种包括各种淡水鱼类、海水鱼类、贝类及软体动物类。

因为鱼类等菜肴的肉质鲜嫩，比较容易消化，

所以放在肉类菜肴的前面，叫法上也和肉类菜肴主菜有区别。

黄油炒杂菜

材料

胡萝卜1根，西蓝花8朵，菜花8朵，玉米笋80克，红甜椒1个，黄节瓜1根，大蒜末8克，百里香碎3克，黄油30克，鸡高汤少许，盐、白胡椒碎各适量

做法

① 把胡萝卜去皮，切成厚片。黄节瓜去掉两头的根蒂，洗净，切成厚片。

② 红甜椒去蒂，去籽，洗净，切成象眼片。

③ 平底锅中放入黄油，加热至化开，放入蒜末炒香，放入所有蔬菜及百里香碎，用中火翻炒1分钟，加入适量鸡高汤，慢炒3分钟，放入盐和胡椒调味即可。

葡萄酒煮小番茄

材料

樱桃番茄10个，百里香碎3克，干葱3个，黄油20克，干白葡萄酒20毫升，盐、黑胡椒碎各适量

做法

① 樱桃番茄洗净，干葱切成圆圈，备用。

② 锅内放入黄油，待黄油化开，放入干葱，炒出香味，加入葡萄酒。

③ 酒精完全挥发，放入番茄和百里香，慢煮3分钟，用盐和黑胡椒碎调味即可。

脆煎鳕鱼伴芒果酱

材料

橄榄油10克，盐5克，鳕鱼180克，吐司面包30克，小番茄20克，甜豆10克，蟹味菇10克，鸡蛋70克，面粉10克，黄油150克，柠檬汁5克，芒果酱50克

做法

① 吐司面包用搅拌机打成粗末；鸡蛋打成蛋液；鳕鱼去皮去刺，用盐、胡椒、柠檬汁腌制3分钟，吸干鳕鱼表面水分后裹上面粉。

② 将鳕鱼块裹上蛋液。

③ 然后裹上吐司粗末。起锅倒入黄油烧热，把鳕鱼放入锅中用小火半煎半炸至金黄色取出，保温备用。

④ 另起锅倒入橄榄油烧热，放入甜豆与蟹味菇炒香，加盐调味。将煎好的鳕鱼切开，按图摆盘，淋芒果酱即可。

法式银鳕鱼配奶油汁

材料

银鳕鱼	1块
白蘑菇	2个
圣女果	3个
柠檬	1/4个
彩椒	1/4个
低筋面粉	20克
奶油	50毫升
白胡椒粉	少许
橄榄油	少许
盐	少许

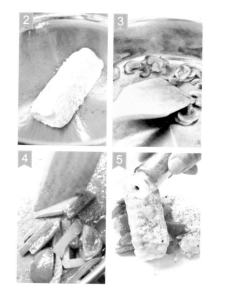

做法

① 蔬菜全部洗净，圣女果从中间切成4瓣，蘑菇切成片状，彩椒切成条状，备用。

② 锅先烧热，放入橄榄油，把鱼肉裹上面粉（不容易粘锅），煎至表面呈金黄色。

③ 另起锅，放入小块黄油，炒香蘑菇至上色。

④ 再把剩余切好的蔬菜一起炒香，调味，加些百里香。加入淡奶油，大火收汁，直到浓稠，备用。

⑤ 把蔬菜放在盘子中间，上面放上鳕鱼块，淋上奶油汁即可。

小贴士

· 鱼肉裹上面粉，煎的时候不容易粘锅。奶油酱汁不宜过浓稠，火力不要太大。鳕鱼比较嫩，不宜煎得过老，影响口感。

奶油白酒烩杏仁三文鱼

材料

三文鱼200克，美国大杏仁80克，芦笋50克，胡萝卜30克，洋葱碎、大蒜碎各20克，淡奶油50毫升，鱼高汤150毫升，盐、白胡椒粉、甜辣椒粉各适量，干白葡萄酒20毫升，黄油30克，莳萝草1枝

做法

① 把三文鱼清洗净，切成5厘米大小的块。

② 芦笋只留嫩的部分。胡萝卜去皮，洗净，切成长条，备用。

③ 深底锅中加入黄油，加热至化开，放入鱼块，中火煎至鱼块焦黄，捞出。

④ 在锅中放入大蒜和洋葱碎，煸炒出香味，放入胡萝卜略炒，再放入煎好的三文鱼，小心翻动，不要把三文鱼翻动破碎，30秒后放入干白葡萄酒，炒至酒精完全挥发，加入鱼高汤，放入辣椒粉。

⑤ 开锅以后，放入芦笋，改为小火慢煮3分钟。加入淡奶油、盐和胡椒粉调味，轻轻翻动，以免糊底，略煮1分钟即熟。

⑥ 装入汤盘中，撒上杏仁，最后用莳萝点缀即可。

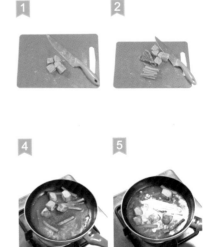

低温水煮三文鱼配香槟汁

材料

三文鱼180克，青豆10克，盐适量，蟹味菇10克，秀珍菇10克，樱桃番茄10克，莳萝3克，金针菇10克，香槟汁100克

做法

① 三文鱼用盐、莳萝腌制5分钟，再把三文鱼装袋后用真空机抽真空。

② 放入恒温59.5℃的热水中浸11分钟取出，备用。

③ 将蟹味菇、金针菇、秀珍菇均洗净，切成段。起锅加橄榄油烧热，放入青豆与菌菇炒香，入盐调味。

④ 取出三文鱼，按图装盘，淋香槟汁，用喷火枪烧至上颜色，装饰即可。

小贴士

· 制作此菜应选冰鲜的三文鱼，要注意加工三文鱼时的水温和时间。

三文鱼饼配龙虾汁

材料

三文鱼	200克
洋葱	30克
西芹	30克
莳萝	5克
混合生菜	20克
橄榄油	20克
龙虾汁	20克
土豆丝	30克
柠檬汁	10克
盐	适量
白胡椒	适量

做法

① 三文鱼去皮，切小丁。

② 莳萝去皮，与洋葱、西芹同切小粒，蔬菜粒与三文鱼丁拌匀后，用盐、白胡椒、柠檬汁腌制15分钟；土豆丝挤干水分，用橄榄油炸至呈金黄色，备用；生菜洗净，备用。

③ 将拌匀的三文鱼用模具制作成鱼饼。

④ 起锅加橄榄油，放入鱼饼煎至两面上色，至熟，取盘按图摆放，淋龙虾汁即可。

香煎鲷鱼配黑米

材料

比目鱼	200克
黑米	30克
西葫芦	30克
樱桃番茄	20克
柠檬	20克
橄榄油	20克
蟹味菇	10克
盐	适量
香菜	1克
白胡椒粉	2克
牛奶	50克

做法

① 比目鱼去鳞，取鱼柳，洗净。

② 处理好的比目鱼柳中加盐、白胡椒、柠檬汁，腌制15分钟。

③ 将西葫芦、樱桃番茄、蟹味菇分别洗净，切丁。

④ 黑米洗净，加水煮熟；起锅倒入橄榄油，炒香蔬菜，再加入黑米饭与牛奶，烧开后用盐调味，备用。

⑤ 吸干比目鱼表面的水。

⑥ 将腌制好的比目鱼柳放入锅中，先煎带皮的一面，再煎另一面，至两面煎熟，取菜盘按图摆放，以香菜装饰即可。

茄汁鲈鱼

材料

材料	
鲈鱼柳	250克
自制番茄酱	60克
大蒜	10克
蘑菇	30克
蟹味菇	30克
杏鲍菇	30克
荷兰芹碎	3克
青豆	20克
洋葱	20克
盐	适量
橄榄油	30克
胡椒粉	适量

做法

① 鲈鱼柳中加盐、胡椒粉、荷兰芹碎腌制15分钟。

② 蘑菇、杏鲍菇、蟹味菇、大蒜均切片，洋葱切碎。

③ 起锅炒香菌菇与蒜片、青豆，保温备用。

④ 另起锅加油，放入腌制好的鲈鱼柳与洋葱碎小火慢煎。

⑤ 鲈鱼翻身后再煎至熟。

⑥ 再起锅加热番茄酱，取盘按图将菌菇垫底，鲈鱼放在上面，淋番茄酱即可。

果醋比目鱼

材料

比目鱼	180克
秀珍菇	30克
樱桃番茄	10克
毛豆	20克
生姜	10克
白葡萄酒醋	40克
青苹果	40克
柠檬	20克
盐	适量
清水	20克

做法

① 比目鱼去皮、去刺，放入蒸锅，加入生姜片、柠檬汁，蒸8分钟。

② 毛豆、秀珍菇同煮熟，过滤，备用。

③ 青苹果切碎。

④ 葡萄酒醋中加入20克水后加热，入盐调味，撒苹果碎，制成果醋汁。

⑤ 取出蒸好的鱼肉。

⑥ 盘中以蔬菜垫底，放上鱼肉，浇果醋汁即可。

果味炸大虾

材料

大虾	6只
橙汁	15毫升
盐、白胡椒粉	各适量
柠檬汁	少许
脆炸专用粉	200克
色拉油	500毫升
柠檬	1个

做法

① 把大虾去头，从虾背切开，洗净，放入容器中，加入橙汁6毫升，放入盐、胡椒粉和柠檬汁腌制5分钟，备用。

② 柠檬切角，炸粉用9毫升的橙汁调制成面糊状，备用。

③ 色拉油放入炸锅中，烧至八成热，腌好的大虾蘸满面糊后下入油锅中，炸成金黄色。

④ 将炸好的虾捞出，沥干油，放入盘中，配上柠檬角即可。

小贴士

· 脆炸专用粉可以用面粉和苏打粉混合的自制炸粉代替。

奶酪蒜香焗明虾

材料

材料	
大明虾	3只
新鲜混合蔬菜	适量
柠檬汁	少许
大蒜末	5克
马苏里拉芝士碎	30克
盐、白胡椒粉、黑鱼子酱各适量	

做法

① 把大虾的虾线去掉，剪掉虾须、洗净、从背部切开，一分为二，但两片虾中间有连接。

② 3只虾放到托盘中，撒上盐、白胡椒粉、柠檬汁和大蒜末，最后均匀地撒上芝士碎。

③ 放到180℃的焗炉或烤箱中，焗烤8分钟，摆放到盘子中，在每只虾上放些黑鱼子酱，用混合蔬菜点缀即可。

山葵沙丹炸虾球

材料

虾仁	12粒
卡夫沙拉酱	100克
天妇罗粉	50克
青芥末	20克
淡忌廉	20克
花生碎	20克

做法

① 将卡夫沙拉酱与青芥末、淡忌廉调成青芥酱，备用。

② 虾仁从背部切开，去掉虾线，用吸水纸将水分吸干。

③ 将天妇罗粉打成浆，再裹好虾仁，放油锅里炸熟。

④ 挤青芥酱，放上虾仁，撒花生碎即可。

芝士焗大明虾

材料

材料	
大明虾	200克
马苏里拉芝士	100克
大蒜	20克
香葱	20克
柠檬	20克
盐	适量
橄榄油	20克

做法

① 大明虾从背部划开，洗净，撒盐、柠檬汁腌制5分钟。

② 在大明虾刀口处装入芝士，再放入烤箱以200℃烤10分钟。

③ 大蒜、香葱均切碎，起锅用橄榄油炒香，备用。

④ 取菜盘按图摆放，撒上大蒜、香葱装饰。

小贴士

· 制作焗大明虾最好用活的大明虾，肉质鲜美、有弹性。

荷兰汁焗生蚝

材料

生蚝	6只
荷兰汁	120克
洋葱	60克
红萝卜	60克
西芹	60克
白胡椒	2克
香叶	1片

做法

① 生蚝肉清洗干净；洋葱、红萝卜、西芹分别切丝，备用。

② 锅内加水烧开，依次把洋葱、红萝卜、西芹、白胡椒、香叶放入水中煮出味道。

③ 把生蚝放到杂菜水里，烫熟，连杂菜一起捞起。

④ 先把杂菜放在生蚝壳上面。

⑤ 再将生蚝肉放在杂菜上。

⑥ 分别淋上荷兰汁。

⑦ 放入上火180℃、下火150℃烤箱，烤至上色即可。

蒜香黄油焗蜗牛

材料

材料	用量
蜗牛	200克
洋葱	30克
大蒜	30克
柠檬	10克
秀珍菇	30克
黄油	50克
荷兰芹	2克
盐	适量
白胡椒粉	适量

做法

① 蜗牛、秀珍菇均洗净；洋葱切丁；20克大蒜切丁；萝卜切薄片，泡水。

② 起锅炒香洋葱丁、大蒜丁、蜗牛、秀珍菇，加盐、白胡椒粉入味。倒入烤盘，淋柠檬汁。

③ 荷兰芹与剩余大蒜均切末，与黄油一同拌匀。

④ 把拌好的黄油覆盖在蜗牛上，放入明火炉焗上色。取盘，按图片摆盘即可。

培根烩芦笋

材料

芦笋	500克
培根	2条
红甜椒碎	20克
黄油	20克
盐、黑胡椒碎、鸡高汤	各适量
干葱	3根

做法

① 把芦笋的粗老处切掉，洗净；培根切成粗条；干葱对半切开，备用。

② 锅内加入黄油，待黄油化开，加入干葱，炒出香味。放入培根，把培根的油炒出来。

③ 放入鸡高汤，接着把芦笋放进去小火慢煮3分钟，用盐和胡椒碎调味。

④ 取盘按图装盘，撒上甜椒碎即可。

培根炒玉米粒

材料

玉米粒150克，培根2条，洋葱碎15克，迷迭香3克，黄油15克，干白葡萄酒少许，盐、白胡椒粉各适量

做法

① 把培根切成2厘米宽的条，备用。

② 平底锅中放入黄油，加热至黄油化开，放入洋葱碎煸炒出香味。

③ 放入培根条，大火将培根中的油炒出来，然后放入玉米粒和迷迭香，翻炒数下后加入干白葡萄酒。

④ 待酒精完全挥发，放入盐和胡椒粉调味即可。

烤土豆配酸奶油

材料

土豆2个，欧芹少许，酸奶油15克，培根1条，迷迭香碎1克，盐、黑胡椒碎、橄榄油各适量

做法

① 土豆洗净，撒上盐、黑胡椒碎、迷迭香、橄榄油，涂抹均匀，用锡纸包好，放到180℃的烤箱中烘烤45分钟。

② 培根放到平底锅中煎上色，取出，切成碎末。

③ 在烤好的土豆上切上十字花刀，用力挤开成花瓣的形状。把酸奶油放到土豆分裂处。最后撒上培根碎，用欧芹点缀即可。

第六章

令人垂涎的主菜

肉类及禽类菜肴一般作为西餐的第四道菜，也称为主菜。
主菜在西餐中是重头戏，
所用原料多取自牛、羊、猪、鸡、鸭、鹅等各个部位的肉，
其中最有代表性的是牛肉或牛排。
其烹调方法常用烤、煎、扒等。

莫特牛排配彩椒汁

材料

牛排	180克
彩椒	100克
樱桃番茄	40克
百里香碎	2克
大蒜末	3克
盐	适量
黑胡椒	1克
黄油	10克
橄榄油	20克

做法

① 樱桃番茄撒盐、蒜末、百里香碎，淋橄榄油，拌匀后放入烤箱，以150℃烤20分钟取出，保温备用。

② 彩椒放入烤箱，以200℃烤10分钟取出，撕掉外表的皮。

③ 把红彩椒肉加橄榄油搅拌成汁，黄彩椒同样处理。

④ 过滤彩椒汁，加热，入盐调味。将芦笋用沸水烫熟。

⑤ 牛排撒盐、黑胡椒、百里香碎腌制。

⑥ 起锅加黄油，先煎牛排的肥油，再煎至七分熟，按图装盘即可。

番茄汁烤牛排

材料

牛里脊	200克
罐头去皮番茄粒（带汁）	400克
熟米饭	100克
樱桃西红柿	2个
黄瓜片	2片
西芹碎	15克
大蒜碎	10克
橄榄油、盐、黑胡椒碎各适量	
黄芥末酱	8克
干红葡萄酒	2毫升
百里香碎	3克

做法

① 把牛肉洗净，用肉槌敲打松软，加入盐、黑胡椒碎、大蒜、黄芥末酱、红酒、百里香碎腌制8分钟。樱桃番茄洗净，切两半，备用。

② 平底锅中加入橄榄油烧热，放入牛排，大火将两面均煎上色，放入番茄粒和西芹碎，番茄汁和牛排在一起混合煎煮2分钟后即可关火。

③ 米饭用模具装扣到盘子里，牛排放在米饭旁，浇上番茄汁，最后搭配番茄和黄瓜片即可。

美国红酒T骨牛排

材料

T骨牛排	1块（约350克）
黄节瓜	30克
绿节瓜	30克
胡萝卜	30克
新鲜迷迭香	1枝
红酒汁	适量
盐、黑胡椒碎	各适量
土豆泥	150克
黄油	30克

做法

① 把T骨牛排洗净，用红酒汁、盐和黑胡椒碎腌制3分钟，备用。

② 胡萝卜、黄节瓜、绿节瓜均洗净，切成厚片，用黄油水焯熟，备用。

③ 平底锅中加入黄油，加热至化开，放入腌制好的牛排，用中火先把带脂肪部分煎上色，再把两面均煎上色，煎5分钟即可。

④ 煎好的牛排放到盘子里，配上土豆泥和蔬菜，最后用迷迭香点缀即可。

T骨头牛排配小土豆

材料

T骨牛排	1块
小土豆	3个
胡萝卜	1/2根
洋葱	30克
黑胡椒粉	适量
大蒜	2片
橄榄油	少许
盐	少许
红酒	少许

做法

① 把牛排用盐、黑胡椒粉腌制30分钟；把小土豆对半切开；胡萝卜切成滚刀块；洋葱切成3厘米见方的块。

② 起锅烧热，倒入橄榄油后炒香洋葱和大蒜片（火候不宜过大）。

③ 把腌制好的牛排放入锅中。

④ 放入大蒜、百里香，煎至牛排双面上色。

⑤ 加入红酒。

⑥ 放入小土豆，煎至七分熟，最后淋上黑胡椒汁即可。

小贴士

· T骨牛排腌制30分钟左右最合适，口感嫩，肉带有韧劲。

· 土豆和胡萝卜可以事先煮过，这样会更易熟透。

米兰牛五花

材料

牛五花肉	250克
自制番茄酱	200克
白豆	20克
黑橄榄	20克
青橄榄	20克
青豆	20克
荷兰芹	3克
盐	适量
橄榄油	10克
黑胡椒碎	适量
净水	400克

做法

① 牛五花肉切成3厘米见方的块，荷兰芹切碎。牛五花肉与荷兰芹、盐、黑胡椒碎一起拌匀，腌制15分钟。

② 起锅加油，放入牛五花肉煎至金黄。

③ 另起锅倒入牛肉，然后加入番茄酱与净水，小火熬煮1小时。

④ 加入黑橄榄、青橄榄、白豆、青豆，熬煮1小时，装盘即可。

奶酪焗烤牛西冷

材料

上等排酸牛外脊	200克
炸土豆饼	2个
青节瓜、黄节瓜	各50克
干红葡萄酒	少许
法国黄芥末酱	3克
黄油	20克
盐、黑胡椒碎、红酒汁	各适量
马苏里拉芝士碎	20克

做法

① 把牛外脊洗净，控干水，用肉槌敲打至肉质松软，用适量的盐、黑胡椒碎、黄芥末酱和红酒腌制约8分钟。

② 青节瓜、黄节瓜均洗净，分别切成相同厚度的片。

③ 锅中加水烧开，放入少许黄油，放入节瓜片焯熟，备用。

④ 锅内放入黄油，加热至黄油化开，把牛外脊放进去，将肥油煎出，把一面煎上色后再煎另外一面，共煎5分钟左右，出锅。

⑤ 撒上芝士碎，放到180℃的焗炉中，焗烤至芝士上色后取出，放在盘子里，搭配黄油蔬菜和炸土豆饼，最后浇上红酒汁即可。

培根卷牛肉

材料

牛肉	100克
培根	3片
生菜	2片
橄榄油	少许
盐	少许
黑胡椒粉	少许
百里香	少许

做法

① 把培根一片片叠压一半，依次排开（为了卷起来更方便），叠放的距离大致一样。

② 将牛柳去筋，切成10厘米左右长的圆柱形，放在烤盘里，用盐和黑胡椒粉腌制15分钟左右。

③ 将腌制好的牛柳表面煎至三分熟（不需要煎得太熟，因为之后还需要放入烤箱）。

④ 把煎好的牛柳放在叠好的培根上，满满地卷起来。

⑤ 把卷好的牛柳放入预热至180℃的烤箱中烤约8分钟，按图装盘，用百里香和生菜装饰即可。

小贴士

· 牛柳在大型超市有售，也可以用猪脖子肉替代；排培根的时候要按顺序，否则很难卷起来；煎牛肉的时候不要太熟，放入180℃的烤箱烤8分钟即可，如果要全熟，烤10~12分钟也可以。

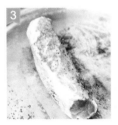

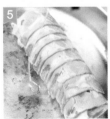

米兰烧牛仔腿

材料

牛仔腿	1000克
什香草	1克
牛油	50克
黑椒碎	20克
洋葱碎	20克
干葱碎	20克
蒜蓉	10克
白兰地	5克
烧汁	100克
生粉	200克
盐	2克
糖	50克
百里香	2克
胡椒粉	适量
西蓝花	适量
小番茄	适量

做法

① 先把牛仔腿肉厚的部位划一刀，然后用盐、糖、百里香、胡椒粉、生粉腌2小时。

② 热锅化开牛油，加入香草，慢火熬香，盛起备用。

③ 牛油起锅，爆香洋葱碎、干葱碎、蒜蓉。

④ 锅中再倒入黑椒碎、白兰地、烧汁，调味备用。

⑤ 另热锅，烧油至220℃。

⑥ 放牛仔腿入热油锅炸至上色。

⑦ 换120℃油浸炸至牛仔腿熟。

⑧ 将牛仔腿装盘，先淋香草牛油，再浇黑椒汁，用西蓝花和小番茄装饰即可。

香煎牛柳配红酒汁

材料

牛柳	200克
百里香	10克
樱桃番茄	20克
蟹味菇	20克
秀珍菇	20克
盐	适量
甜豆	适量
黑胡椒	5克
蒜片	5克
橄榄油	10克
黄油	10克
紫薯泥	10克
红酒汁	80克

做法

① 牛柳去筋，切成长5厘米的段。

② 加盐、黑胡椒、百里香腌制10分钟。

③ 起锅放黄油加热，煎牛柳。

④ 牛柳四面煎至金黄，放入烤箱以200℃烤6分钟，取出备用。

⑤ 紫薯泥加热，菌菇洗净切段，樱桃番茄去心。

⑥ 起锅倒橄榄油加热，炒香蒜片，加入菌菇、甜豆炒熟，加盐调味，取盘按图摆放，淋红酒汁即可。

酥皮松露牛肉卷配松露汁

材料

牛柳	500克
酥皮	300克
洋葱	50克
松露	50克
秀珍菇	50克
杏鲍菇	50克
蛋黄液	70克
松露红酒汁	100克
盐	适量
黄油	1克
黑胡椒碎	10克

做法

① 牛柳去皮，加盐、黑胡椒碎腌制10分钟。

② 洋葱、菌菇均切小片，备用。

③ 起锅入黄油，炒香洋葱，再入菌菇炒干炒香，用盐调味。

④ 另起锅入黄油，将牛柳四面煎上色，备用。

⑤ 酥皮化冻后摊开，擀平。

⑥ 放入炒好的菌菇铺平，再放上牛柳包起来，两头压紧。

⑦ 取蛋黄液均匀地刷在酥皮表面。

⑧ 将牛肉卷放入垫有油纸的烤盘，再放入烤箱以190℃烤20分钟，出炉，取菜盘按图摆盘，淋松露红酒汁即可。

小贴士

· 牛柳切成直径5厘米的大小时容易烤熟；酥皮在0.3厘米厚度时易脆皮；菌菇不宜太多汁水，否则会让酥皮变湿烤不脆。

芝士牛肉饼

材料

材料	用量
牛肉米	150克
奶油芝士	60克
自制番茄酱	60克
青橄榄圈	10克
洋葱	20克
荷兰芹	5克
盐	适量
黑胡椒碎	适量
净水	20克
橄榄油	20克

做法

① 洋葱、荷兰芹均切碎，放入牛肉中，撒盐、黑胡椒调味。将食材手工搅拌在一起并加水，慢慢搅动，让牛肉吸收水分并有筋道。

② 取60克牛肉捏成球，压一个洞。取20克芝士塞在里面，然后封住洞口，再压成饼。

③ 起锅加油，将牛肉饼两面煎至熟。

④ 另起锅加热番茄酱，再加入青橄榄圈与荷兰芹碎炒香，最后取盘按图摆盘即可。

鲜茄烩牛尾

材料

牛尾500克，红酒200克，西芹100克，胡萝卜100克，大蒜20克，洋葱100克，清水1000克，大番茄300克，盐适量，黑胡椒适量，百里香5克，黄油适量，杏鲍菇100克

做法

① 牛尾洗净；西芹、胡萝卜、洋葱均洗净，切块；杏鲍菇切片。

② 起锅放黄油加热，小火将牛尾煎至上色，炒香洋葱、大蒜，然后加西芹、胡萝卜、大番茄、红酒、百里香、黑胡椒、清水，小火焖4小时。

③ 加盐调味，过滤汤汁。

④ 浓缩汤汁，将杏鲍菇煎熟，撒盐，取盘按图片摆放，淋上汤汁即可。

红酒烩牛舌配米饭

材料

牛舌	1条
小土豆	3个
胡萝卜厚片	5片
熟米饭	1碗
小椰菜	5个
牛肉高汤（或清水）	500毫升
红酒	200毫升
烧汁	500毫升
黄油	20克
大蒜	5瓣
干葱	5个
百里香	3克
香叶	2片
黑胡椒碎、盐	各适量

做法

① 牛舌用开水煮5分钟，捞出，去掉牛舌上的苔皮，洗净，切成厚片，备用。小土豆洗净；小椰菜去根，洗净，备用。

② 深底锅中放入黄油，待黄油化开，放入干葱和大蒜，中火煸炒出香味。

③ 放入牛舌，翻炒2分钟，待牛舌成黄褐色时加入红酒，略炒1分钟，待酒精完全挥发，加入烧汁和高汤，大火煮开，再加入百里香、香叶，小火焖煮35分钟。

④ 待汤汁有一定的黏稠度时，放入小土豆、胡萝卜厚片和小椰菜，再继续煮8分钟，最后用盐和黑胡椒碎调味。

⑤ 盘子上扣上米饭，把烩好的牛舌整齐地搭配在旁边即可。

香草焗羊扒

材料

羊扒	200克
干葱	20克
洋葱	50克
西芹	50克
胡萝卜	50克
土豆	50克
豆苗	30克
努斯玛丽	5克
烧汁	150克
牛油	适量

做法

① 洋葱、西芹、胡萝卜均切粗条，放在烤盘上，备用。

② 土豆切成方块状，用油炸熟。

③ 热锅倒入牛油，爆香干葱，然后倒入土豆、50克烧汁，烩至收汁，盛起放碟子上。

④ 豆苗用清水煮熟，盛入碟子中。

⑤ 热锅煎羊扒，煎至三成熟。

⑥ 将三成熟羊扒放在有杂菜的烤盘上，在上面撒上努斯玛丽。

⑦ 将烤盘放入烤箱以上火180℃、下火180℃烤15分钟至熟。

⑧ 羊扒摆放在豆苗上，用余下烧汁煮努斯玛丽，淋在羊扒上即可。

红酒炖羊膝

材料

羊膝	200克
迷迭香	10克
番茄	50克
西芹	50克
盐	适量
黑胡椒	适量
黄油	20克
洋葱	50克
胡萝卜	50克
红酒	200克
番茄膏	20克
清水	800克
新鲜迷迭香	1枝

做法

① 所有蔬菜均切成小块。

② 羊膝用盐、黑胡椒、迷迭香腌制15分钟，起锅加黄油烧热，放入羊膝及洋葱，将羊膝煎香。

③ 放入西芹、胡萝卜块慢火炒香，然后放入番茄及番茄膏炒香。

④ 加入红酒收干。

⑤ 加清水、盐、黑胡椒、迷迭香小火炖3小时，过滤汤汁后浓缩。

⑥ 取出羊膝，按图片装盘，淋迷迭香汁，用迷迭香装饰即可。

香草烤羊膝

材料

羊膝	350克
迷迭香	20克
意大利芹	10克
洋葱	30克
大蒜	30克
盐	适量
黑胡椒碎	适量
黄芥末	60克
黄油	20克

做法

① 迷迭香、意大利芹均切末。

② 羊膝用盐、黑胡椒、黄芥末抹匀。

③ 洋葱、大蒜均切片，与羊膝、香料一起腌制2小时。

④ 将腌好的羊膝放入烤盘中，入烤箱以160℃烤35分钟后取出。

⑤ 起锅加油，炒香大蒜、黑胡椒碎，再加黄芥末、盐调味收汁。

⑥ 取盘按图摆盘，淋汁即可。

香料羊排

材料

羊排	300克
百里香	10克
罗勒叶	2克
盐	适量
黑胡椒碎	适量
荷兰芹	10克
洋葱	30克
大蒜	30克
杏鲍菇	30克
自制番茄酱	60克
橄榄油	适量

做法

① 百里香、荷兰芹、洋葱、大蒜均切碎，罗勒叶切丝。

② 羊排、杏鲍菇均用盐、黑胡椒碎腌制。

③ 将切碎的洋葱、大蒜、荷兰芹、百里香撒在羊排上。

④ 起锅加油，把羊排的肥油煎出。

⑤ 将香料、杏鲍菇、羊排一起放在烤盘上，入烤箱以180℃烤15分钟取出。

⑥ 番茄酱加热，撒罗勒丝，按图摆盘，淋汁即可。

烤香草带骨羊排

材料

带骨羊排	220克（3根）
土豆	1个
胡萝卜条	20克
菜花	2朵
芦笋	30克
新鲜迷迭香	1枝
新鲜迷迭香碎	3克
法国芥末酱	40克
黄油	15克
面包糠、盐、黑胡椒碎	各适量
干红葡萄酒	5毫升
黄芥末	30克

做法

① 羊排整根清洗干净，控干水，撒上盐和黑胡椒碎，再均匀涂抹上一层黄芥末，在芥末上撒上迷迭香碎和面包糠，腌制25分钟。

② 土豆去皮，切成厚片，放在锅里煎熟并煎上色，备用。

③ 用黄油水把胡萝卜条、芦笋和菜花焯熟，备用。

④ 平底锅中放入黄油烧热，将腌制好的羊排和土豆放进去，把两面都煎上色，羊排和土豆片一同放到180℃的烤箱中烘烤8分钟，取出，备用。另取一个锅，把芥末酱和红酒混合在一起烧开，用盐调味，备用。

⑤ 焯好的蔬菜放在盘子上垫底，把羊排放到蔬菜上，配上煎烤好的土豆片，然后浇上芥末汁。

⑥ 用迷迭香点缀即可。

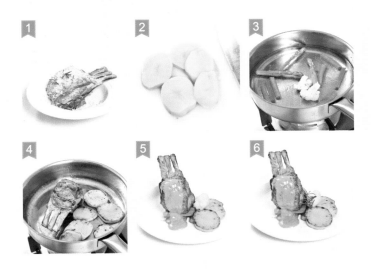

脆丝羊柳配黑椒汁

材料

羊柳180克，土豆250克，迷迭香10克，杏鲍菇50克，毛豆30克，鸡蛋60克，面粉30克，盐适量，黑椒汁80克，黄油200克，橄榄10克，红椒20克

做法

① 土豆去皮，刨丝，撒盐，挤干水；迷迭香切末；鸡蛋打成蛋液；杏鲍菇切长条。

② 羊柳撒盐、迷迭香末腌制15分钟。

③ 依次裹上面粉、蛋液、土豆丝。

④ 起锅入黄油烧开，小火放入羊柳慢煎，煎至金黄色后放入烤箱，以180℃烤5分钟后取出，保温备用；另起锅加橄榄油炒熟蔬菜，取盘按图片摆放，淋黑椒汁即可。

小贴士

· 选择含淀粉量高的土豆制作土豆丝，煎炸后会很香脆。

熏烤香橙猪肋排

材料

猪肋排250克，香橙250克，洋葱100克，蜂蜜50克，百里香5克，盐适量，蒜10克，鸭梨100克，红酒黑醋汁10克

做法

① 橙子皮切丝、香橙榨汁；洋葱切小粒；大蒜切末。

② 猪肋排撒盐、百里香、橙汁、橙皮丝、蒜末、洋葱粒，腌制8小时。

③ 鸭梨去皮加蜂蜜水，放入烤箱以180℃烤30分钟，取出保温备用。

④ 取出烤盘，腌料放在下面，猪肋排放在上面，抹上蜂蜜，以200℃烤至金黄色即可，取盘按图片摆放，淋汁装饰。

小贴士

· 烤的过程中再抹两次蜂蜜，将肋排翻身烤，烤猪肋排时间不宜太久，否则会变干影响口感。此菜蘸浓缩橙汁或番茄沙司食用味道也很好。

酱烤猪肋排

材料

猪肋排	350克
洋葱	50克
大蒜	30克
百里香	3克
烧烤酱	50克
蜂蜜	30克
盐	适量
黑胡椒	适量

做法

① 猪肋排撒盐、黑胡椒。

② 洋葱、大蒜均切碎。

③ 将洋葱、大蒜、百里香、蜂蜜、烧烤酱拌匀成酱料。

④ 在肋排上抹匀酱料，腌制2小时。

⑤ 腌好的肋排摆在烤盘上，放入烤箱以180℃烤30分钟。

⑥ 在烤至20分钟时要翻身一次，烤好后取盘按图摆放即可。

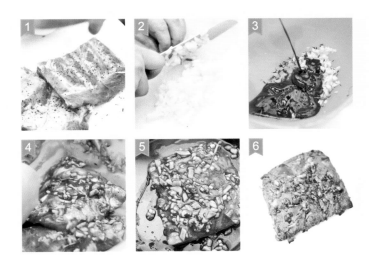

脆煎鸡腿肉

材料

去骨鸡腿肉	180克
培根	50克
土豆	100克
罐头白豆	50克
洋葱	20克
荷兰芹	3克
黄油	40克
盐	适量
黑胡椒碎	1克
淡奶油	20克
牛奶	20克

做法

① 鸡腿肉切数刀。

② 荷兰芹切末，洋葱切丝，培根切丝。

③ 鸡腿肉撒盐、黑胡椒、荷兰芹末腌制30分钟。

④ 土豆洗净，煮熟，捞出后去皮，切片。起锅加少许黄油，将土豆煎至上色，出锅。

⑤ 另起锅，加油炒香洋葱、培根，再入土豆翻炒，撒盐调味，备用。

⑥ 白豆、淡奶油、牛奶一起入搅拌机打成浓汁。

⑦ 将打好的浓汁入锅加热，加盐、荷兰芹调味，保温备用。

⑧ 起锅加油，小火煎熟鸡腿肉，按图装盘淋汁即可。

小贴士

· 先煎鸡腿带皮的一面，小火慢慢煎，鸡皮才会脆。

椰香白汁鸡皇

材料

鸡腿肉	100克
洋葱	20克
彩椒	30克
菠萝	20克
白菌	10克
白汁	100克
椰浆	30克
椰丝	少许
生粉	5克
百里香、胡椒粉、盐、牛油各少许	

做法

① 鸡腿肉用生粉、百里香、胡椒粉、盐腌20分钟，汆水备用。

② 洋葱、彩椒、菠萝均切角，白菌切片。

③ 牛油起锅，炒香洋葱、彩椒、鸡腿肉、菠萝、白菌。

④ 加白汁和椰浆烩至入味，盛起，表面撒上椰丝即可。

咖喱鸡

材料

鸡件	150克
洋葱	20克
彩椒	30克
土豆	50克
咖喱酱	30克
椰浆	20克
椰丝	少许
咖喱粉	15克
生粉	10克
胡椒粉、盐、鸡汤	各少许

做法

① 鸡件用咖喱粉、生粉、胡椒粉、盐腌20分钟，热锅后煎上颜色。

② 洋葱、彩椒、土豆均切角，土豆放在热油中炸熟。

③ 另起油锅爆香洋葱、咖喱酱，然后将煎好的鸡件、彩椒和炸好的土豆入锅，搅拌均匀。

④ 放一些鸡汤烩至入味，加椰浆调味，装盘，表面撒椰丝即可。

蓝莓鸭胸

材料

鸭胸肉	180克
盐	适量
白胡椒	适量
橙皮丝	20克
百里香	5克
杏鲍菇	50克
洋葱丝	20克
蓝莓汁	100克
焦糖苹果	30克

做法

① 鸭胸肉洗净，开斜刀。

② 再反方向开斜刀。

③ 撒上盐、白胡椒、橙皮丝、洋葱丝、百里香一起腌制30分钟。起锅倒入黄油，加热后放入鸭胸（先煎带皮的一面）煎至金黄，再放入180℃的烤箱烤5分钟。

④ 取出后与焦糖苹果按图片装盘，淋上蓝莓汁，装饰即可。

小贴士

· 小火煎带皮鸭胸，让鸭肉脂肪充分流出，让鸭肉味道变香而不腻。

第七章

爽口解腻的沙拉

蔬菜类菜肴在西餐中称为沙拉，
一般是用各种凉透了的熟料或是可以直接食用的生料加工成较小的形状后，
再加入调味品或浇上各种冷沙司或冷调味汁拌制而成。
沙拉具有色泽鲜艳、外形美观、鲜嫩爽口、解腻开胃的特点。

蛋黄酱生菜番茄沙拉

材料

蛋黄酱	1大勺
生菜	2片
小番茄	3个
杏仁片	少许
黑橄榄	3个

做法

① 所有材料准备好，蛋黄酱可以买现成的，也可以自己制作。

② 黑橄榄切成小圈。

③ 生菜切丝。

④ 小番茄切成小块。

⑤ 把切好的番茄和蔬菜放入容器中。

⑥ 加入蛋黄酱。

⑦ 把蛋黄酱和蔬菜混合搅拌均匀，撒上杏仁片，做好装饰即可。

小贴士

• 蛋黄酱的做法：将蛋黄、蛋白分离。在蛋黄中加入白糖、盐、少量白胡椒粉和白酒。将蛋黄打散，加入白醋或柠檬汁继续搅打，一滴一滴地缓慢加入植物油，继续打匀，让油与蛋液融合后再加入油，再搅打。注意油不能一次加入太多，否则会分液。一直搅打至油全部被吸收、蛋黄酱呈半凝固状态即可。

• 这道沙拉口感比较清淡，制作方法简单易操作。

西蓝花洋葱沙拉

材料

西蓝花	1/2个
洋葱	20克
紫甘蓝	20克
大蒜	1瓣
糖	5克
红酒醋	少许
橄榄油、盐	各少许

做法

① 西蓝花洗净，切成小块，煮熟后放入冰水中冰镇2分钟左右。依次把洋葱、紫甘蓝切丝，大蒜切成碎末。

② 把煮熟的西蓝花和洋葱丝混合在一起，再倒入红酒醋，拌均匀。

③ 把准备好的紫甘蓝倒入盆中。

④ 加入少许盐、糖。

⑤ 放入大蒜末。

⑥ 加入橄榄油，搅拌均匀后按图摆盘即可。

小贴士

· 煮西蓝花时，可以放入盐和橄榄油，煮制时间不要超过2分钟。

· 红酒醋也可以用白酒醋来代替，怕酸的话可以少放些。

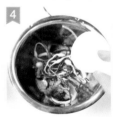

意式野菌沙拉

材料

帕马森芝士	100克
红酒黑醋汁	20克
蟹味菇	50克
白蘑菇	50克
杏鲍菇	50克
蒜	10克
黑胡椒碎	适量
盐	适量
罗勒叶	1克
橄榄油	500克

做法

① 芝士平铺在油布上，放入烤箱内，以180℃烤15分钟。

② 将烤好的芝士取出，盖在模具上，制成小碗状。

③ 蟹味菇、蘑菇、杏鲍菇均洗净，切块。

④ 蒜切片，罗勒叶切丝。

⑤ 起锅加油烧热，放入菌菇和蒜片炸至金黄色，捞出。

⑥ 取盆，放入菌菇、蒜片、盐、红酒黑醋汁、黑胡椒碎，搅拌均匀，按图装盘即可。

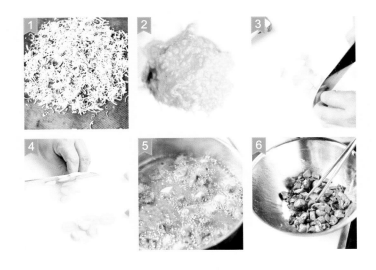

番茄洋葱沙拉

材料

大番茄	1个
樱桃番茄	5个
洋葱	20克
糖	少许
西芹叶	少许
黑醋	少许
橄榄油	少许
盐	少许

做法

① 番茄洗净，切成半圆形，洋葱切成丝状。准备好糖和黑醋。

② 大番茄切成片状。

③ 樱桃番茄切成两瓣。

④ 把切好的洋葱与番茄混合搅拌在一起，依次放入糖、黑醋、盐、橄榄油调匀。

⑤ 加入切好的西芹叶。

⑥ 把橄榄油和黑醋按1:2的比例倒入杯中（如果想要酸一些的话，可多放些黑醋），做好装饰即可。

小贴士

· 番茄和洋葱的搭配永远是最经典的，酸酸的味道可以刺激味蕾，增强食欲。

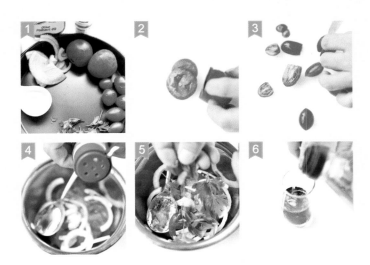

美式水果酱土豆沙拉

材料

材料	
牛油果	2个
土豆	1个
樱桃番茄	2个
新鲜混合蔬菜	适量
橙汁	2毫升

做法

① 将牛油果去皮，去核，把处理干净的牛油果放在一个容器中，把果肉捣碎成泥。加入橙汁，搅拌均匀，备用。

② 土豆去皮，洗净，切成3厘米大小的方丁，放入开水中煮熟，捞出，过凉，控干水。

③ 把土豆丁放到捣碎的牛油果泥中，搅拌均匀。

④ 混合蔬菜放置在盘中垫底，放入拌好的土豆丁，最后摆上切好的樱桃番茄即可。

材料

罐头洋蓟心300克，胡瓜1个，罐头白芸豆50克，罐头红甜椒1瓶，黑橄榄5个，罗勒碎2克，柠檬汁3毫升，橄榄油10毫升，红酒醋5毫升，盐、黑胡椒碎、新鲜混合蔬菜各适量

做法

① 将洋蓟心切成大块。胡瓜洗净，擦丝。黑橄榄一切两半。

② 把洋蓟心、黑橄榄、混合蔬菜、白芸豆和红甜椒放到一个容器中，加入盐、黑胡椒碎、柠檬汁、红酒醋、罗勒碎和橄榄油，搅拌均匀后放入盘中。

③ 把胡瓜丝放置在上边点缀即可。

洋蓟心胡瓜沙拉

材料

去骨鸡腿1个，豆苗菜100克，樱桃番茄3个，红甜椒圈、绿甜椒圈、黄甜椒圈各适量，黑橄榄2个，红酒醋5毫升，柠檬汁3毫升，橄榄油10毫升，盐、黑胡椒碎各适量

做法

① 把鸡腿洗净，加盐、黑胡椒碎、柠檬汁拌匀腌制，用平底锅煎熟，切成大块，备用。

② 豆苗菜、樱桃番茄、甜椒圈均洗净。黑橄榄从中间切开，一分为二，备用。

③ 把以上食材放在一个容器中，放入盐、黑胡椒碎、红酒醋和橄榄油拌匀，装入盘中整理美观即可。

迷迭香鸡腿豆苗沙拉

西蓝花鸡肉沙拉

材料

烟熏鸡胸肉1个，西蓝花100克，红甜椒50克，玉米粒30克，新鲜罗勒叶3克，橄榄油8毫升，红酒醋3毫升，盐、黑胡椒碎各适量，帕玛森芝士粉30克

做法

① 把西蓝花掰成小朵，用开水焯熟，过凉，备用。

② 鸡肉切成厚片。红甜椒洗净，切成小丁，备用。

③ 把以上食材放到容器中，加入玉米粒、罗勒叶、盐、黑胡椒、橄榄油和红酒醋，拌匀，放入盘中，撒上芝士粉即可。

奇异果煎明虾沙拉

材料

明虾3只，奇异果1个，新鲜杂果适量，新鲜薄荷叶1枝，蛋黄酱30克，柠檬汁3毫升

做法

① 把明虾去壳，去虾线，洗净，从背部切开，用开水氽熟，过凉，备用。

② 奇异果去皮，切成小角。奇异果、杂果和明虾一起放入容器中，加蛋黄酱、柠檬汁搅拌均匀。

③ 装盘，用薄荷叶点缀即可。

材料

大虾200克，鲜橙80克，茴香根50克，洋葱30克，黄柠檬1个，柠檬汁5毫升，橄榄油10毫升，香脂醋3毫升，盐、黑胡椒粉各适量

做法

① 大虾洗净，去壳，去虾线，用水汆熟，过凉，备用。

② 鲜橙去皮。茴香根、洋葱均洗净，切成条。柠檬切成小角。

③ 把以上食材（除柠檬角外）放入容器中，加入所有的调料搅拌均匀，装入盘中，最后用柠檬角点缀即可。

意式茴香根大虾沙拉

材料

萨拉米香肠150克，洋葱15克，芹菜1根，豌豆35克，去核黑橄榄5个，水瓜柳5个，樱桃萝卜50克，新鲜混合蔬菜、香菜、盐、白胡椒粉各适量，橄榄油15毫升，苹果醋15毫升

做法

① 把香肠切成厚片。洋葱去皮。芹菜去叶，洗净，切成段。豌豆煮熟，过凉，备用。

② 樱桃萝卜洗净，切成小角。香菜洗净，切段，备用。

③ 把以上处理好的原料放到容器中，加入水瓜柳、黑橄榄和调料搅拌均匀。

④ 混合蔬菜垫底，放上拌好的食材，加以点缀即可。

萨拉米肠沙拉

美式海鲜沙拉

材料

鲜鱿鱼1个，大虾2只，章鱼100克，青椒块、红椒块、黄椒块共100克，紫甘蓝、生菜各30克，柠檬汁3毫升，橄榄油8毫升，盐、白胡椒碎各适量，美国辣椒酱、李派林辣酱油各少许

做法

① 鱿鱼、章鱼和大虾均清洗干净，用开水氽熟，过凉，备用。

② 紫甘蓝和生菜均洗净，控干水，备用。

③ 把鱿鱼、章鱼、大虾、彩椒块同放到容器中，加入盐、胡椒粉、柠檬汁、橄榄油、辣椒酱和辣酱油，搅拌均匀。

④ 生菜和紫甘蓝放在盘子里垫底，把拌好的食材放在上边即可。

第八章

花样西式主食

意大利面与比萨是西餐中最常见的主食品种。
意大利面的世界就像是千变万化的万花筒，
意大利面数量种类之多，据说至少有500种，
再配上酱汁的组合变化，
可做出上千种的意大利面，是意大利的特色主食。
比萨是一种由特殊的饼底、乳酪、酱汁和馅料烤制而成，
具有意大利风味的食品。

奶油培根蘑菇意面

材料

意大利两头尖面	90克
鸡蛋	70克
培根	100克
蘑菇	100克
大蒜	10克
洋葱末	20克
帕马森芝士碎	10克
橄榄油	20克
盐	适量
淡奶油	100克
白葡萄酒	10克
意大利芹末	1克

做法

① 鸡蛋取蛋黄，大蒜切末，蘑菇切片，培根切片，备用。

② 起锅烧开水，加少许盐、油，放入意面煮8分钟后捞出，拌橄榄油，备用。

③ 另起锅加油，炒香蒜末、洋葱末。

④ 加入培根、蘑菇炒香，喷葡萄酒收干。

⑤ 加入意面、奶油，一起搅拌至收汁，入盐调味。

⑥ 离火加入蛋黄搅拌，按图摆盘，撒芝士、意大利芹末即可。

松露培根意粉

材料

意大利超细幼身面	90克
松露	60克
洋葱	10克
大蒜	10克
培根	50克
橄榄油	20克
盐	适量
意大利芹末	2克

做法

① 松露切片，意大利芹切末。

② 大蒜、洋葱、培根均切丝。

③ 起锅烧开水，加油、盐，将意大利面煮5分钟。

④ 滤出意面后拌油。

⑤ 另起锅，炒香大蒜、洋葱、培根、松露。

⑥ 加入意面搅拌，入盐调味，按图装盘，撒意大利芹末即可。

经典牛肉酱意大利面

材料

意大利面（5号）	90克
牛肉酱	120克
大蒜	10克
帕马森芝士碎	10克
橄榄油	20克
盐	适量
意大利芹末	1克

做法

① 将牛肉酱加热，大蒜切末，备用。

② 起锅烧开水后加少许盐、油，放入意面煮8分钟，捞出后拌橄榄油，备用。

③ 起锅加油，炒香蒜末。

④ 加入意面翻炒，入盐调味。

⑤ 用筷子把意面堆放盘中。

⑥ 按图淋上牛肉酱，撒芝士、意大利芹末即可。

牛肉千层面

材料

意大利蛋黄千层面（112号）70克	
牛肉酱	120克
马苏里拉芝士碎	120克
橄榄油	20克
盐	适量
意大利芹末	1克

做法

① 起锅烧开水，加少许盐、油，放入意面煮5分钟。

② 捞出意面后拌橄榄油，备用。

③ 取模具抹油，把意面裁成模具大小。

④ 意面放在最下层，撒一层芝士，再铺一层牛肉酱。

⑤ 如此重复叠放四次，最上一层撒芝士。

⑥ 放入烤箱，160℃烤15分钟后取出脱模，按图摆盘，撒意大利芹末即可。

芝士肉酱焗意粉

材料

洋葱	10克
胡萝卜	17克
番茄	40克
干葱	5克
西芹、蒜蓉	各3克
免治牛肉	60克
香叶	1片
白兰地	1克
番茄膏	20克
番茄汁	10克
红酒	5毫升
李派林喼汁	2克
保卫尔牛肉精	2克
意粉	200克
牛油	10克
胡椒粉、盐、鸡粉	各2克
糖、香草	各1克
面粉	10克
芝士碎	适量

做法

① 免治牛肉炒干炒香，盛起备用。

② 洋葱、胡萝卜、干葱均切碎；番茄去皮，去籽，切丁。

③ 热锅下油，炒香洋葱、西芹、胡萝卜、干葱碎、蒜蓉，再倒入牛肉碎炒至收干，加入牛油、番茄膏、番茄、面粉炒匀。

④ 加入水、香草、香叶、红酒，烩20分钟，加入李派林喼汁、保卫尔牛肉精、胡椒粉、鸡粉、盐、糖调味，盛起备用。

⑤ 另用牛油起锅，入煮熟的意粉翻炒，加香草、番茄汁、白兰地，炒香上碟。

⑥ 把做好的肉酱淋在意粉上面。

⑦ 再在肉酱上撒芝士碎。

⑧ 放进烤箱烤上颜色即可。

口蘑鸡肉培根意面

材料

意大利面	150克
鸡胸肉	1小条
培根	1片
口蘑	5只
洋葱	1/2个
小红椒	1个
汉斯蘑菇意面酱	1/2袋
蒜	2瓣
生抽	1茶匙
水淀粉	1汤匙
橄榄油	1茶匙
盐	适量
黑胡椒	适量
现磨黑胡椒粉	适量

做法

① 鸡胸肉斜切成片，放入碗中，加入黑胡椒、生抽和水淀粉，抓至肉吃透水分，再倒入橄榄油，抓匀，腌制10分钟。培根、口蘑均切成片。红椒切小段，洋葱切碎，蒜切碎末。

② 煮锅中倒入足量水，大火烧开，加入1/2茶匙盐，放入意大利面，转中火，继续煮约10分钟。

③ 炒锅油热后，放入培根，煎至微焦，盛出，备用。

④ 底油中再加入鸡片，温油快速滑炒至变色，盛出。

⑤ 锅里的底油继续加热，倒入洋葱碎和蒜碎，中小火翻炒至洋葱透明、蒜末微焦黄时，倒入口蘑片，翻炒1分钟。倒入汉斯酱，翻炒1分钟。

⑥ 锅内添加少许热水，煮开后，倒入鸡肉片、培根片和红椒，调入盐和黑胡椒粉，盖上锅盖，煮2分钟。

⑦ 汤汁稍收浓后，打开锅盖，加入煮好的意大利面，翻炒均匀并煮1分钟左右即可。食用时，可以再加少许现磨黑胡椒粉。

蘑菇鸡肉炒意面

材料

实心面200克，鸡胸肉150克，香菇2个，洋葱条20克，胡瓜1个，盐、黑胡椒碎各适量，柠檬汁3毫升，橄榄油15毫升，李派林酱油8毫升

做法

① 把实心面煮熟后放入凉开水中过凉。鸡胸肉洗净，切片，用盐、黑胡椒碎、柠檬汁腌制。胡瓜、香菇分别洗净，切成丝。

② 平底锅内加入橄榄油烧热，放入鸡片，炒熟，捞出，备用。

③ 用余油炒香洋葱后放入香菇丝，炒2分钟，把鸡片回锅，放入实心面和李派林酱油，翻炒2分钟，用盐和黑胡椒碎调味。装入盘中，撒上胡瓜丝即可。

海鲜茄汁车轮面

材料

鲜鱿鱼、大虾、青口各150克，番茄汁150克，车轮面230克，圣女果10克，橄榄油15毫升，去核黑橄榄5个，干白葡萄酒10毫升，大蒜10克，罗勒叶2片，帕玛森芝士粉30克，盐、黑胡椒粉各适量

做法

① 将海鲜洗净，鱿鱼切圈，大虾去虾线。

② 大蒜洗净，剁碎；罗勒叶洗净，备用。

③ 车轮面放在开水中煮8分钟，捞出控干水。

④ 锅入油烧热，放入大蒜炒香，放入海鲜，用大火炒约3分钟，加入干白葡萄酒，炒至酒精完全挥发，加入车轮面、圣女果、黑橄榄和番茄汁翻炒2分钟。

⑤ 放入罗勒、盐和胡椒粉，翻炒均匀。最后放上芝士粉，以罗勒叶点缀即可。

奶油菠菜意大利宽面

材料

意大利宽面	90克
菠菜叶	100克
鸡腿肉	100克
大蒜	10克
橄榄油	20克
盐	适量
淡奶油	120克
黑胡椒	适量

做法

① 鸡腿肉切细条，用盐、黑胡椒腌制5分钟；大蒜切末。

② 起锅烧开水，加少许盐、油，放入意面煮8分钟。

③ 捞出意面后拌橄榄油，备用。

④ 起锅加油，炒香蒜末。

⑤ 加入鸡肉炒熟，再加菠菜炒熟。

⑥ 加入意面、奶油，收汁，入盐调味，按图摆盘即可。

带子天使之法

材料

超细幼身意面	90克
带子	100克
大蒜	5克
自制番茄酱	80克
罗勒叶	1克
橄榄油	20克
盐	适量
胡椒粉	适量

做法

① 起锅烧开水，加少许盐、油，放入意面煮5分钟，捞出后拌橄榄油。

② 加热自制番茄酱。将罗勒叶洗净，切丝。

③ 起锅加油，放入带子，撒盐、胡椒粉煎至金黄色，保温备用。

④ 大蒜切末，另起锅加油，炒香蒜末。

⑤ 加入意面炒香，用盐、胡椒粉调味。

⑥ 用筷子卷起意面摆在盘中，放上带子，淋番茄酱，撒罗勒丝即可。

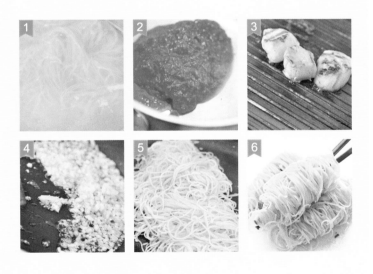

彩椒培根比萨

材料

高筋面粉	140克
酵母	1茶匙
水	95克
糖	1茶匙
盐	1/2茶匙
橄榄油	1茶匙
比萨肉酱	3汤匙
红彩椒、黄彩椒、绿彩椒 各1/4个	
培根	1片
马苏里拉奶酪碎	120克

做法

① 将面粉、酵母、水、糖、盐和橄榄油按比萨面团的方法进行调和。将发酵好的面团取出，按压排气，松弛10分钟。比萨盘抹油，将面团放在中心。

② 双手慢慢将其均匀在10寸比萨烤盘里推开。

③ 使面团的边缘略高起，覆盖醒发20~30分钟。

④ 红彩椒、黄彩椒、绿彩椒分别洗净，切开，剔除白筋和肉厚的部分。

⑤ 将彩椒切成丁，放在烤盘上，刷上橄榄油，送入烤箱，200℃烤6分钟，去掉部分水分，取出放凉。

⑥ 用叉子在饼上叉些气孔，均匀抹上比萨肉酱。

⑦ 再撒上一层奶酪碎，铺上培根碎和蔬菜碎。

⑧ 将比萨生坯入预热至200℃的烤箱中层先烤8分钟，取出再铺一层奶酪碎，继续烤5分钟至奶酪融化即可。

小贴士

· 彩椒含水分较多，应先烤一下以去除部分水分。

· 最后烘烤的方法，成品表层是一层白白嫩嫩的奶酪。

意式风干香肠比萨

材料

比萨面团	120克
芝士碎	120克
自制番茄酱	60克
意式风干香肠	90克

做法

① 意式风干香肠切片。

② 将比萨面团擀平、摊圆。

③ 用9寸烤盘盖在面皮上面，将面皮用滚刀去边修圆，放入烤盘，然后用叉子轻轻戳出气孔，再放入180℃的烤箱烤3分钟，制成比萨底。

④ 取出比萨底，抹上自制番茄酱。

⑤ 撒上60克芝士。

⑥ 再铺香肠片，撒上剩余的芝士，放入180℃烤箱烤8分钟即可。

牛肉比萨

材料

比萨面团	120克
芝士碎	120克
自制番茄酱	60克
牛肉	90克
盐	适量
黑胡椒碎	适量

做法

① 牛肉改刀切小片。

② 加盐、黑胡椒碎腌制10分钟。

③ 将比萨面团擀平，用9寸烤盘盖在上面，用滚刀去边修圆，然后放入烤盘。

④ 用叉子在面皮上轻轻戳出气孔，放入180℃的烤箱烤3分钟。

⑤ 取出比萨底，抹上番茄酱，撒60克芝士。

⑥ 再铺上牛肉片，撒上剩余的芝士，放入180℃烤箱烤8分钟即可。

鸡丁莳萝比萨

材料

高筋面粉	80克
低筋面粉	20克
酵母	2克
糖	8克
盐	2克
牛奶	72毫升
橄榄油	适量
黑胡椒碎	1/4茶匙
玉米粒	10克
洋葱丝	20克
莳萝	适量
比萨酱	1.5汤匙
盐	1/2茶匙
鸡腿	2只
干白	1汤匙
生粉	1汤匙
马苏里拉奶酪碎	100克

做法

① 做好比萨面团，发酵。鸡腿去骨，去皮，洗净，切小块，加盐、黑胡椒碎、干白，抓匀，倒入1茶匙橄榄油拌匀，腌制30分钟。

② 倒入生粉，抓匀。

③ 平底锅烧热，倒入能没过锅底的橄榄油，烧热后放入鸡丁，煎至两面金黄，沥油出锅，在厨房纸上吸掉多余油分。

④ 将发酵好的面团取出，8寸比萨烤盘刷油，将面饼放入摊开，用叉子扎些气孔，抹上比萨酱。

⑤ 撒上一半的奶酪，铺上鸡丁、玉米粒、洋葱丝、莳萝。

⑥ 再铺上剩下的奶酪。将饼皮边缘刷油，入预热至210℃的烤箱，中层，烤10分钟即可。

海鲜比萨

材料

比萨面团	120克
芝士碎	120克
自制番茄酱	60克
带子	30克
虾仁	30克
青口贝	30克
黑橄榄	5克
意大利芹末	适量
盐	适量
白胡椒粉	适量

做法

① 黑橄榄切片。

② 虾仁、带子、青口贝均切片，加盐、白胡椒粉、意大利芹末拌匀。

③ 将比萨面团擀平，用9寸烤盘盖在上面，用滚刀去边修圆。

④ 将面皮放入烤盘，用叉子轻轻戳出气孔，再放入180℃的烤箱烤3分钟取出。

⑤ 将烤好的比萨底抹上番茄酱，撒上60克芝士碎。

⑥ 在上面平铺虾仁、带子、青口贝，再撒60克芝士，放入180℃的烤箱烤8分钟即可。

三文鱼比萨

材料

材料	
比萨面团	120克
芝士碎	120克
自制番茄酱	60克
三文鱼	90克
盐	适量
白胡椒粉	适量

做法

① 三文鱼改刀切小片，加盐、黑胡椒碎腌制10分钟。

② 将比萨面团擀平，用9寸烤盘盖在上面，用滚刀去边修圆，放入烤盘。用叉子在面皮上轻轻戳出气孔，放入180℃的烤箱烤3分钟。

③ 取出烤好的比萨底，抹上番茄酱，撒上60克芝士，再铺上三文鱼片。

④ 撒上剩余的芝士，放入180℃烤箱烤8分钟即可。

材料

比萨饼底1张，火腿100克，比萨酱30克，菠萝100克，阿里根奴香草1克，马苏里拉芝士100克，盐适量

做法

① 火腿切丝。菠萝去皮，洗净，切丁。芝士擦成丝，备用。

② 将比萨酱均匀地抹在饼底上，再将火腿、菠萝、50克芝士均匀放在上面。

③ 撒上盐和一半阿里根奴香草，均匀地铺上剩余芝士丝，再撒一层香草。

④ 放入预热至180℃的烤箱中层，以上火200℃、下火180℃，烤约12分钟，至芝士丝软化、面皮底部上色即可出炉。

夏威夷比萨

材料

比萨饼底1张，比萨酱30克，萨拉米肠8片，洋葱圈5个，青椒圈5个，红椒圈5个，玉米粒10克，阿里根奴香草1克，马苏里拉芝士100克，盐、白胡椒粉各适量

做法

① 芝士擦成丝，备用。

② 将比萨酱均匀地抹在饼底上，撒上芝士丝，依次放上洋葱圈、青椒圈、红椒圈、玉米粒、萨拉米肠，再撒上盐、胡椒粉和阿里根奴香草。

③ 入预热至180℃的烤箱，以上火180℃、下火180℃，烤约12分钟，至芝士丝化开，面皮底部上色即可出炉。

萨拉米火腿比萨

松露野菌比萨

材料

比萨面团	120克
芝士碎	120克
自制番茄酱	60克
松露	30克
白蘑菇	40克
杏鲍菇	40克
蟹味菇	40克
盐	适量
橄榄油	10克

做法

① 松露、杏鲍菇、白蘑菇均切片，蟹味菇切段。

② 起锅热油，放入白蘑菇、杏鲍菇、蟹味菇炒香，入盐调味。

③ 将比萨面团擀平、摊圆。

④ 用9寸烤盘盖在面皮上面，将面皮用滚刀去边修圆，放入烤盘，然后用叉子轻轻戳出气孔，再放入180℃的烤箱烤3分钟。

⑤ 取出烤好的比萨底，抹上番茄酱，撒上60克芝士。

⑥ 再铺上炒香的菌菇，撒松露与剩余的芝士，放入180℃烤箱烤8分钟即可。

蔬菜比萨

材料

比萨面团	120克
芝士	120克
自制番茄酱	60克
玉米粒	20克
洋葱丁	20克
彩椒丁	60克
节瓜丁	20克
荷兰芹末	适量

做法

① 将比萨面团擀平。

② 用9寸烤盘盖在面皮上面，用滚刀去边修圆。

③ 面皮放入烤盘，用叉子轻轻戳出气孔，放入180℃的烤箱烤3分钟。

④ 取出烤好的比萨底，抹上番茄酱，撒上60克芝士。

⑤ 再撒上洋葱丁、彩椒丁、节瓜丁、玉米粒。

⑥ 撒上剩余的芝士，放入180℃烤箱烤8分钟，取出后撒上荷兰芹末即可。

公司三明治

材料

材料	用量
方包片	3片
薄牛扒	50克
烟肉	1条
蜜汁火腿	1片（25克）
薯条	50克
鸡蛋	60克
青瓜片	20克
番茄片	20克
西生菜	30克
文尼汁	10克
牛油	5克
番茄沙司	25克

做法

① 将方包片烘至双面呈金黄色，涂上牛油。

② 将鸡蛋、薄牛扒、烟肉、火腿分别煎熟。

③ 将薯条炸熟。

④ 第一层方包片上放鲜蔬与煎蛋。

⑤ 挤上文尼汁。

⑥ 第二层再放上薄牛扒、培根、蜜汁火腿。

⑦ 盖上方包片，串上竹签，去除面包边。

⑧ 再对角切开，分成四件，最后配上炸薯条、番茄沙司一起装盘即可。

煎鸡排三明治

材料

去骨鸡腿1个，农夫玉米长面包1个，生菜2片，番茄2片，洋葱圈3个，柠檬汁少许，大蒜碎2克，黄油20克，盐、黑胡椒碎、番茄沙司各适量

做法

① 把鸡腿洗净放入容器中，放入盐、黑胡椒碎、柠檬汁、大蒜碎腌制5分钟，放入平底锅中用黄油煎熟，备用。

② 面包从中间切开，放上生菜、番茄、鸡腿，最后放洋葱圈，浇上沙司即可。

煎土豆番茄三明治

材料

法式长面包1/2根，土豆、番茄各1个，黄油20克，盐、黑胡椒碎各适量，迷迭香碎3克，黑醋少许

做法

① 把土豆去皮，切成厚片。番茄切片。面包切开，涂抹上黄油，备用。

② 平底锅加热后先放入面包，将面包煎烤上色后拿出，备用。用同一个锅，放入适量的黄油，用小火将土豆煎上色至熟。

③ 将煎熟的土豆放入容器中，加入盐、黑胡椒碎、迷迭香碎和黑醋，搅拌均匀，同番茄一起放至面包上，摆放整齐即可。